機械要素入門

吉本 成香 著

森北出版

はじめに

　「機械要素」という言葉は，世の中一般では使用される機会の少ない言葉であり，機械技術に関係している者のみが知る専門用語といえる．しかし，「機械要素」という言葉は知らなくても，「ねじ」や「歯車」という言葉を知らない者は少ないと思う．機械要素とは，各種の機械で共通的な役割を果たしている最小単位の部品のことであり，「ねじ」や「歯車」も機械要素の一種である．したがって機械は，機械要素の組み合わせによって成り立っており，それらの組み合わせを変えることで，種々の機能を生み出しているといえる．

　機械要素には，数多くの種類があり，そのすべてについてある程度の知識をもつことは大変ではあるが，機械や機器を設計・製造しようとする設計者にとっては，身につけておかなければならない基本的な知識である．設計においては，「知っているか知らないか」で，意外と大きな差が生じることが多い．

　機械要素の多くは，JIS によって規格が制定されているので，設計者が自分で機械要素を設計することは少ない．むしろ，機械要素を作る専門メーカの製品群の中から，製作しようとしている機器の仕様に合っているものを適切に選定し，適切な使い方をすることが大事になる．しかし，軸や歯車などでは，設計者が計算し形状を決定しなければならない場合もあるので，その場合には，より専門的な知識を身につけなければならない．また，機械要素の選定に際して，強度や寿命が大きく関係する場合には，機械要素に加わる荷重などの計算が必要となり，基本的な力学や材料力学を習得しておく必要がある．

　本書は，これから機械工学を学ぼうとしている学生を対象として，機械要素にはどのような種類があるのか，どのように使われるのか，どのように選定をすればよいのかを，できるかぎり具体的に，また理解しやすく書いたものである．また，各章に実用例に近い形の例題や練習問題を設けることで，機械要素の強度や寿命が必要となる場合の選定方法についても記述し，機械設計の基本を身につけられるよう配慮している．

　なお，JIS については，本書執筆時において最新のものを記載しているが，JIS は必要に応じて改正されるので，留意されたい．

2020 年 10 月

吉本成香

目　　次

第6章 動力伝達要素

第7章 そのほかの機械要素

機械に関する基礎知識

1.1 機械の構成

　「機械」という言葉を「広辞苑」で調べると、「外力に抵抗しうる物体の結合からなり、一定の相対運動をなし、外部から与えられたエネルギーを有効な仕事に変形するもの」と定義されている。この定義は、いまの機械を表すには範囲が狭いものであるが、機械が「物体の結合からなる」ということはいまも変わりがない。機械の構成を、自動車を例にとって少し専門的に整理してみると、図 1.1 に示すような構成になる。この図に示すように、自動車は、サスペンション、ステアリング、エンジンなど多数の機構から成り立っている。さらにこれらの機構を分解していくと、

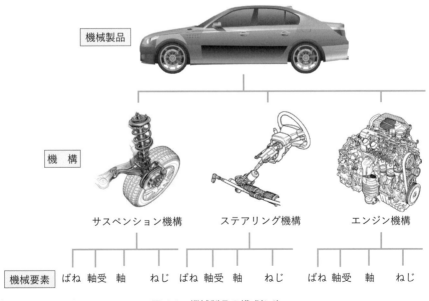

図 1.1　機械製品の構成[1, 2]

ある共通的な役割を果たす基本的な部品に分解することができる．この基本的な共通部品を総称して，機械要素とよぶ．このように，機械は，種々の機能を果たす機構，さらには機械要素の集まりといえる．また，図からわかるように，機械設計者は機械要素や機構の種類およびその役割，機能，使い方などを十分に理解することによってはじめて，機械製品を設計し，製造できることになる．

● 1.2 機械要素の標準化と分類

　機械要素は，上で述べてきたように，いろいろな機械を作るための基本となる部品であるが，機械要素も含めて機械を作ろうとすると，大変な時間と労力，費用がかかってしまう．したがって，機械要素については，寸法や精度，材料，強度の規格が作られており，設計者は自分の仕様に合う機械要素を選べばよいようになっている．日本で作られたこのような規格のことを，日本産業規格（JIS 規格：Japanese Industrial Standards）という．この JIS 規格は，1995 年以降，製品や部品のグローバル化に対応するために，国際的に制定されている規格である国際標準化機構規格（ISO 規格：International Organization for Standardization）になるべく整合するようなかたちで改訂され，規定されるようになってきた．

　機械要素は，その役割に従って，いくつかの種類に分けることができる．表 1.1 に，JIS に制定されている機械要素の種類を示す．

締結要素：機械製品を作るためには，いくつかの部材や機構をつなぎ合わせて組み立てる必要がある．このようなつなぎ合わせに使用する要素を，締結要素という．

軸および軸関連要素：機械を動かすためには，モータなどの原動機から，動力を機械内に導入しなければならない．軸は，モータ軸のように回転によって動力を伝達するはたらきと，車軸のように車輪を支えるはたらきをする要素である．また軸関連要素は，モータ軸と機械内の軸をつなぐなど，動力を伝達する際に必要となる要素である．

軸受・案内要素：機械は，さまざまな運動を行うように設計されている．軸受・案内要素は，動く部分の運動が，スムーズに一定の方向に行えるように案内する要素である．

表 1.1　JIS の機械部品類に規定されている機械要素の種類

機械要素の種類	機能説明	種　類
締結要素および関連要素	複数の部材を固定し，つなぎ止めるための要素と締結の際に使用される関連要素	ねじ部品（ボルト，ナット，小ねじ），座金，溶接継手，リベット，ピン，止め輪
軸および軸関連要素	回転によって動力を伝達する要素，およびそれに関連する要素	軸，軸継手，キー，スプライン，セレーション
軸受・案内要素	軸を支持し，回転運動や直線運動を可能とする要素	転がり軸受，すべり軸受
動力伝達要素	動力を伝達するために使用される要素	ベルトとプーリ（V ベルト，歯付きベルト），チェーンとスプロケット，歯車，ボールねじ，クラッチ・ブレーキ
流体関連要素	流体を導いたり，貯蔵したり，密封したりする場合に使用される要素	管，管継手，弁，シール（オイルシール，O リング），ガスケット，パッキン，圧力容器
そのほか		ばね

動力伝達要素：モータなどの原動機から取り入れた動力を，機械内の動く部分に伝達するための要素である．

流体関連要素：機械のなかには，建築用のクレーンなどのように，油圧を用いて動かすものがある．これらの機械では，高い圧力をもつ油を導くための配管関係の要素や，油の漏れを防ぐための要素が使われる．流体関連要素は，このような油圧や空圧を利用した機械に使用される要素である．

機械要素としては，このほかにも表 1.2 に示すようなものが挙げられる．

検出要素：最近の機械では，位置や圧力，変位などの状態量を検出し，制御や補正を施すことにより，性能を高める手法が多くとられている．検出要素は，このような状態量を検出する要素（センサ）である．

表 1.2　機械に使用されるそのほかの要素

機械要素の種類	機能説明	種　類
検出要素	一般に位置や圧力，変形などを検出し，制御などを行うために使用する要素	変位センサ，圧力センサ，リミットスイッチ，ひずみセンサ
動力供給機構・要素（アクチュエータ）	機械に動力を供給するための機構，あるいは要素	電動モータ，空圧・油圧シリンダ，圧電素子，ボイスコイルモータ

動力供給機構・要素（アクチュエータ）：機械や機器を動かすためには，動力を供給する機構や要素が必要となる．電動モータなどは，要素というよりは機構といったほうがよいが，圧電素子などは動力供給要素といえる．圧電素子はセラミックス系材料で作られており，積層型の圧電素子（図1.2）では，高電圧（100 V～数百 V）を加えることにより，数十 μm の変位を取り出すことができる．

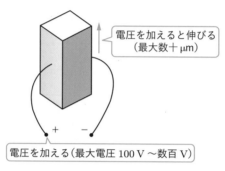

図 1.2　積層型圧電素子

本書では，ここに示したすべての機械要素について説明することはできないので，機械要素のなかでも，とくに重要と考えられているものについて述べることにする．

機械要素関係の規格は，おもに JIS の B 類に記載されており，たとえば JIS B ○○○○（規格番号）：2018 と書かれている．これは，2018 年に改正された規格であることを示している．このように，JIS は必要に応じて改正される．

1.3　機械要素材料の機械的性質と種類

1.3.1　材料の機械的性質と強度

機械を動かしてある仕事をさせようとすると，機械の部材には必ず力が作用することになる．機械の部材に加わるおもな力には，図1.3 に示すように，引張り力，圧縮力，せん断力，ねじり力，曲げ力などがある．せん断力は，部材のある断面において，互いに平行で向きが反対の1対の力であり，はさみはこの力を利用してものを切る道具である．機械要素は，これらの作用する力に対して十分な強さをもつことが必要である．具体的には，

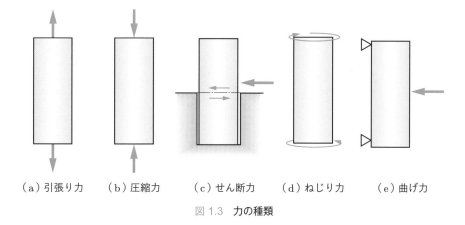

（a）引張り力 （b）圧縮力 （c）せん断力 （d）ねじり力 （e）曲げ力

図 1.3 **力の種類**

- 要素部材が変形し，初期の形状から異なったものにならない
- 要素部材が破断あるいは破壊しない
- 機械要素としての役割を十分に果たせる

ことなどが要求される．

　機械要素の多くは，鋼などの金属材料から作られているが，上記のような強さを機械要素にもたせるためには，外力に見合った材料や寸法の機械要素を選定しなければならない．

　図 1.4 に示すような軟鋼（炭素含有量が少ない鋼）製の丸棒に上下方向の引張り力

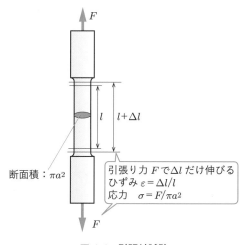

F

l　$l+\Delta l$

断面積：πa^2

引張り力 F で Δl だけ伸びる
ひずみ $\varepsilon = \Delta l / l$
応力　$\sigma = F / \pi a^2$

F

図 1.4　**引張り試験**

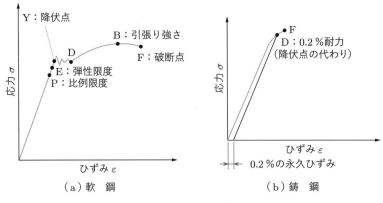

図 1.5　**応力 – ひずみ線図**

を加えたとき，棒は上下方向に伸びることになる．そのときの変形状態を図 1.5(a)
に示す．横軸には，ひずみ ε（単位長さあたりの変形量：棒の伸び量 Δl を長さ l で
割った値）をとり，縦軸には，応力 σ（単位面積あたりの荷重：棒に加えた荷重 F
を棒の中央部の断面積 πa^2 で割った値）をとっている．

　棒を引っ張る力をゼロから徐々に増やしていくと，ひずみは応力に比例して大き
くなり，P 点に到達する．P 点は比例限度とよばれ，応力とひずみが比例している範
囲の最大応力を示す．この範囲では $\sigma = E\varepsilon$ という関係が成り立ち，E を縦弾性係
数という．さらに応力を増加させると E 点に到達し，この E 点は弾性限度とよばれ
る．E 点以下の応力であれば，引張り力をなくした場合，ひずみはゼロに戻る．こ
のような材料の変形を，弾性変形という．P 点と E 点の間の応力 – ひずみの関係は，
必ずしも比例関係にはない．応力が Y 点に到達すると，引張り力（応力）を増加さ
せなくてもひずみが増加し，ひずみは D 点まで大きくなる．このような応力を，降
伏点（降伏応力：σ_Y）という．

　D 点からさらに棒の引張り力を増やしていくと，ひずみは急激に増していき，最
大応力 B 点を示したあと，F 点で破断する．B 点で示された最大応力を引張り強さ
σ_B といい，材料の強さを示す目安の値となっている．また，D 点以降の材料の変形
形態を塑性変形という．塑性変形領域では，応力をゼロにしても形状は元の状態に
は戻らず，材料には永久変形が残る．

　図 1.5(b) に，炭素含有量が多い鋳鉄などの鋼の応力 – ひずみ線図を示した．これ
らの金属では，応力を徐々に増やしていくと，比例限度を超えてしばらくした点で
破断する．軟鋼とは異なり，降伏点が明確に現れないのが一般的である．したがっ

て，これらの金属では，応力を除去したあとの永久ひずみが 0.2％となるような応力を降伏応力とみなし，このような応力を耐力（0.2％耐力）とよぶ．アルミニウムや銅などの非鉄金属でも降伏点は明確ではないので，耐力を用いる．

1.3.2 機械要素材料の種類

機械要素の材料としては，表 1.3 に示すように鉄鋼材や合金鋼などの鉄系の材料が一般には使用されるが，軽量化が必要な箇所には，アルミニウム合金などの非鉄金属が使用される．

(1) 鋼 材

一般構造用鋼材は SS ○○○ と表示される．たとえば SS 400 と表示し，この場合の数値「400」は引張り強さ 400 MPa の材料であることを示している．SS 材に含まれる炭素含有量は一般に少ないため，とくに表示しない．

炭素鋼は，たとえば S 45 C などと表し，数値「45」は，鋼に含まれる炭素量の平均値を示している．S 45 C の場合，0.42〜0.48％の炭素を含むことを示している．炭素量が増すにつれ，引張り強さは向上するが，衝撃値は低下する．衝撃値は，材料のねばさ（靭性）を示す値であり，衝撃値が小さいほど脆い材料であることを示す．

クロム鋼 (SCr)，クロムモリブデン鋼 (SCM)，ニッケルクロムモリブデン鋼 (SNCM) などは合金鋼とよばれ，鋼の強さを増すために，炭素のほかに金属元素を混入した鋼である．これらの合金鋼における数値も，含まれる炭素量を示している．これらの鋼材を用いる場合は，機械加工後，焼入れ，焼戻しなどの熱処理を行い，引張り強さや硬度を高めて使用する．よって，合金鋼は変動荷重や衝撃荷重が加わる要素に使用される．

(2) 非鉄金属

機械要素には，鋼材以外にも，銅合金やアルミニウム合金などが数多く使用されている．銅合金には，銅 60％，亜鉛 40％の合金（黄銅）と，銅とスズの合金（青銅）がある．銅合金は，加工性，耐食性，熱の伝導性，導電性などに優れるので，その特長を生かして電気機器部品，機械部品に広く使用されている．アルミニウム合金としては，アルミニウムと銅の合金（ジュラルミン）が代表的である．これらは，軽量で引張り強度も高いので，新幹線の車両など，種々の機器部品に使われている．

表 1.3　おもな機械要素材料の種類

機械要素材料		記　号	引張り強さ [MPa]
鋼および合金鋼	一般構造用圧延鋼	SS 330	333〜341
		SS 400	402〜510
	構造用炭素鋼（炭素含有量が0.1%〜0.6%の鋼）	S 15 C	373 以上
		S 25 C	441 以上
		S 35 C（焼入れ焼戻し）	569 以上
		S 45 C（焼入れ焼戻し）	686 以上
		S 55 C（焼入れ焼戻し）	785 以上
	構造用合金鋼	SNC 236〜836（ニッケルクロム鋼）	735〜931
		SNCM 220〜815（ニッケルクロムモリブデン鋼）	931〜1078
		SCr 415〜445（クロム鋼）	882〜980
		SCM 415〜445（クロムモリブデン鋼）	784〜1029
	ステンレス鋼	SUS 304, SUS 316（オーステナイト系：非磁性）	480〜550
		SUS 420 J 2, SUS 440 C, SUS 410（マルテンサイト系：磁性）	540〜780
非鉄金属	伸銅品（板，管，棒など伸ばして加工された材料）	黄銅（銅と亜鉛の合金）C 2600, C 2800	350〜370
		青銅（銅，スズ，リンの合金）C 5210	420〜765
	アルミニウム合金展伸材	A 1100（純アルミ系：99%以上のアルミニウム）	90〜170
		A 2014, A 2017, A 2024（Al-Cu 系）	190〜520
		A 7075（Al-Zn-Mg 系：航空機用）	230〜505

1.4　機械要素に加わる荷重と疲れ寿命

　機械要素に加わる荷重としては，時間に対して変化しないか，きわめてゆるやかに変化する荷重（静荷重）と，時間とともに変化する荷重（動荷重）とに分けられる．

　図 1.5(a), (b) には，丸棒に引張り荷重を加え，その値を徐々に増やしていった場合の応力とひずみの関係を示した．このように，時間に対してきわめてゆるやかに変化する荷重が作用している場合には，引張り強さ以下であれば，丸棒が破断することはない．しかし実際の機械では，時間に対してゆるやかに変化するような静荷重が加わるほかに，時間的に変動する動荷重が加わることも多い．動荷重が材料に加わった場合，材料は引張り強さに比較してはるかに小さい値で破断することがある．このような現象を，疲労破壊という．

　なお，動荷重には，時間に対して振幅が不規則に変化する変動荷重，振幅が一定で周期的に変化する繰り返し荷重，瞬間的に力が加わる衝撃荷重がある．

　材料に，図 1.6 に示すような繰り返し荷重が加わるとき，加わる最大応力を $\sigma_{\max}$，最小応力を $\sigma_{\min}$ とすると，その応力振幅 σ_A は，

$$\sigma_A = \frac{\sigma_{\max} - \sigma_{\min}}{2} \tag{1.1}$$

となる．図 1.7 には，材料を鉄鋼材料とし，回転曲げで繰り返し応力を与えた場合の，応力振幅 σ_A と応力の繰り返し回数 N の関係を示した[3]．このような関係曲線を S–N 曲線という．材料は線より上の σ_A では破断し，下では破断しない．繰り返し数 $N = 10^0 = 1$ 回では，引張り強さ σ_B にほぼ相当する応力で破断するが，繰り

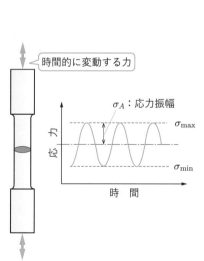

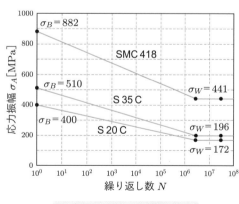

引張り強さ σ_B ＞疲労限度 σ_W
線より上：材料破断
線より下：破断せず

図 1.6　**引張り変動力が加わる材料**　　図 1.7　**変動力の繰り返し数 N と応力振幅 σ_A の関係（S–N 曲線）**

返し数を増していくにつれ，破断する応力振幅値は減少していく．しかし，σ_A をある一定の値以下まで小さくすると，無限回数の繰り返し応力が与えられても，材料は破断することがなくなる．このような応力を，疲労限度 σ_W という．疲労限度は，引張り強さに比べ半分以下の値であり，機械要素の強さを決める重要な値となっている．

例題 1.1　SS 400 材の降伏応力が $\sigma_Y = 235\,\mathrm{MPa}$ であるとき，直径 14 mm の SS 400 材丸棒に引張り荷重を加える．降伏点に達する引張り荷重 F を求めよ．

解 ....

　部材に引張り荷重が加わったとき部材内に生じる応力は，荷重を部材の断面積で除した値である．よって，$\sigma_Y = 235 = F/(\pi \times 14^2/4)$ の関係から，$F = 36\,\mathrm{kN}$ が得られる．

例題 1.2　S 20 C の直径 10 mm の丸棒部材に 60 kN の引張り荷重を加え，さらに振幅 20 kN の周期的変動力を加えた．この荷重条件を継続した場合，部材がいずれ破断にいたるかを，図 1.7 を用いて判定せよ．

解 ....

　部材に繰り返し荷重が加わり疲労破壊にいたるかは，周期的変動力の振幅に依存する．したがって，変動応力の振幅を求める．

$$\sigma_A = \frac{20000}{\pi \times 10^2/4} = 255\,\mathrm{MPa}$$

図 1.7 より，S 20 C の疲労限度 σ_W は 172 MPa であることから，部材は破断する．

1.5 応力集中

　機械要素の形状は単純なものだけではなく，使用状況に応じて形状を変える必要がある．たとえば，動力を伝達するために使用される軸では，回転軸を支持する部品を取り付けるために軸の途中に段をつけたり，ほかの軸とつなぎ合わせるために軸方向に溝を加工したりする．ところが，軸の直径が変化する箇所や溝がついている箇所に力が加わった場合には，直軸に比べ，その部分に大きな応力が生じる．図 1.8 に，段付き軸にねじりモーメントが加わった場合のせん断応力の分布概念図を示す．図に示すように，段のついた部分のせん断応力がほかの部分に比べ大きくなっていることがわかる．これを応力集中という．

　図 1.9(a),(b) に，段付き棒にねじりあるいは曲げモーメントが加わった場合に，段がない場合に比べ，段付き部に生じる応力が何倍になるかを表す数値を示した．こ

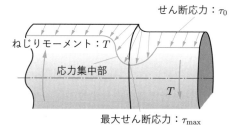

図 1.8 段付き軸の応力集中

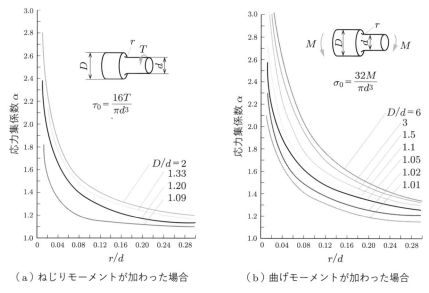

（a）ねじりモーメントが加わった場合　　（b）曲げモーメントが加わった場合

図 1.9 段付き部の r と応力集中係数 α との関係

れを応力集中係数 α とよぶ．縦軸の応力集中係数 α は，ねじりモーメントが加わった場合，

$$応力集中係数 \alpha = \frac{段がある場合の最大せん断応力 \tau_{\mathrm{max}}}{段がない場合のせん断応力 \tau_0} \tag{1.2}$$

となり，曲げモーメントが加わった場合は，

$$応力集中係数 \alpha = \frac{段がある場合の最大曲げ応力 \sigma_{\mathrm{max}}}{段がない場合の曲げ応力 \sigma_0} \tag{1.3}$$

で与えられる．

　図の横軸には，軸径 d と段付き部の丸みの半径 r の比 r/d がとられている．d を一定とした場合，段付き部の r の値が小さくなるにつれ，最大応力の値が急激に大

きくなることがわかる．この最大応力が曲げやせん断の基準となる応力を超えると，その部分に変形や亀裂が生じ，ついには軸の破断を引き起こす場合がある．よって，比較的大きな力が加わるような軸の設計においては，応力集中に関して十分な配慮を行い，段付き部などには適当な丸みをつける必要がある．

応力集中係数 α は，軸に静荷重が加わった場合の応力集中の大きさを表すが，繰り返し荷重などの変動荷重が加わる場合には，切欠き係数 β を用いて応力集中の大きさを表す．一般に $\beta \leq \alpha$ となるが，β の値が不明な場合は，$\beta = \alpha$ とすれば安全である．

例題 1.3　図 1.8 において，太い側の丸棒の直径が 24 mm，細い側の丸棒の直径が 20 mm であるとき，この段付き丸棒に 100 N·m のねじりモーメントが加わる．段付き部の最大ねじりモーメントを 140 N·m 以下とするために必要となる段付き部の丸みの半径 r の値を求めよ．

解

題意より，応力集中係数 $\alpha = 140/100 = 1.4$ であるので，$D/d = 24/20 = 1.2$ の関係を用いて，図 1.9(a) から $r/d = 0.08$ が得られる．よって，段付き部の丸みの半径を求めると $r = 0.08 \times 20 = 1.6$ より，$r = 1.6$ mm となる．

● 1.6　許容応力と安全率

機械には種々の外力（荷重）がはたらくが，機械要素には，これらの荷重が加わった場合でも，その機能を十分に果たすことが要求される．そこで，安全性を考えて要素内に生じる応力をある値以下に抑える必要がある．このときの応力を許容応力という．

機械要素がその機能を果たせなくなる限界の応力としては，静荷重が作用する場合には弾性限界応力や降伏応力があり，動荷重が作用する場合には疲労限度がある．このような応力を材料の基準強さといい，許容応力と材料の基準強さとの比を安全率という．したがって，安全率と許容応力との関係は，以下の式のように与えられる．

$$安全率\ f_s = \frac{材料の基準強さ\ \sigma_Y\ あるいは\ \sigma_W}{許容応力\ \sigma_a}$$

あるいは，

$$許容応力\ \sigma_a = \frac{材料の基準強さ\ \sigma_Y\ あるいは\ \sigma_W}{安全率\ f_s} \tag{1.4}$$

安全率としては，当初，アンウィンが経験的に設定した安全率が用いられていた．

表 1.4 にその値を示す．ただし，この場合理論的な裏付けはないことから，材料の基準強さを降伏点とすると安全である．その後カーデュロ[4] は，安全率を，強さに影響する因子の積とした式を提案している．安全率は，材料の種類，材料の寸法や形状，材料の表面粗さや使用環境などの因子によって影響されることから，近年では，これらの影響を考慮して安全率を決定することが多い．

表 1.4　アンウィンの安全率 f_s

材　料	静荷重	重荷重		衝撃荷重
		片振り	両振り	
鋼	3	5	8	12
鋳鉄	4	6	10	15

以下に，強さへの影響因子を考慮した安全率の式を示す[3]．

● 静荷重が作用する場合（基準強さを降伏点とする）

$$安全率 \ f_s = \alpha \times f_L \times f_M \times f_E \tag{1.5}$$

● 繰り返し荷重が作用する場合（基準強さを引張り強さとする）

$$f_s = \beta \times f_L \times f_M \times f_E \times f_D \times f_R \tag{1.6}$$

ここで，

f_L： 荷重係数（負荷荷重の値が明確な場合 1.1，通常 1.5〜2.0）

f_M： 材料係数（疲労限度のばらつきから，1.0〜1.2 に設定）

f_E： 環境係数（使用する環境に腐食促進作用などがなく良好であれば1.0）

f_D： 寸法効果係数（寸法によって疲労限度は異なる．断面直径 10 mm の場合：1.0, 50 mm の場合：1.05〜1.10，100 mm の場合：1.07〜1.12）

f_R： 表面効果係数（表面粗さが疲労限度に影響．焼き鈍し鋼の場合，最大高さ粗さ Rz が 4 μm 以下：1.0, 10 μm：1.02〜1.07，50 μm：1.1〜1.17）

α： 応力集中係数

β： 切欠き係数 $= 1 + (\alpha - 1)q$（q：切欠き感度係数 < 1.0, 切欠き部の丸みに関係し，丸みが小さいほど値は小さくなる．丸み 1 mm：$q = 0.6$〜0.9．q の値が得られない場合は，前述のように $\beta = \alpha$ とすれば安全である）

である．

最近では，コストの関係から安全率をなるべく小さく設定する傾向があるが，こ

表 1.5　鉄鋼の許容応力 [MPa]

応　力	荷　重	軟　鋼	硬　鋼	鋳　鉄	鋳　鋼	ニッケル鋼
引張り	I	90〜120	120〜180	30	60〜120	120〜180
	II	54〜70	70〜108	18	36〜72	80〜120
	III	48〜60	60〜90	15	30〜60	40〜60
曲げ	I	90〜120	120〜180	45	72〜120	120〜180
	II	54〜70	70〜108	27	45〜72	80〜120
	III	45〜60	60〜90	19	37.5〜60	40〜60
ねじり	I	60〜100	100〜144	30	48〜96	90〜144
	II	36〜56	60〜86	18	29〜58	60〜96
	III	30〜48	48〜72	15	24〜48	30〜48

I：静荷重　　II：軽度の動荷重または片振れ繰り返し荷重
III：衝撃荷重，強度の変動荷重，両振れ繰り返し荷重

の場合には，発生する応力や使用材料の基準強さなどについて，十分な資料を準備して慎重に検討する必要がある．表 1.5 には，負荷荷重による鉄鋼の許容応力の参考値を示す．

例題 1.4　例題 1.3 で求めた段付き丸棒に値が一定の曲げモーメントが加わるとき，式 (1.5) を用いた安全率 f_s を求めよ．なお，負荷モーメントは明確であるとして $f_L = 1.1$，材料のばらつき，使用環境についてはそれぞれ，$f_M = 1.1$，$f_E = 1.1$ とする．

解

題意より，$D/d = 1.2, r/d = 1.6/20 = 0.08$ であるので，図 1.9(b) より α の値を求めると，$\alpha = 1.7$ となる．よって，

$$f_s = \alpha \times f_L \times f_M \times f_E = 1.7 \times 1.1 \times 1.1 \times 1.1 = 2.26 \approx 2.3$$

を得る．

⚙ 1.7　はめあいとサイズ公差

1.7.1　はめあいの種類

　機械が種々の機械要素の組み合わせから成り立っていることはすでに述べた．本節では，軸と穴を組み合わせる方法であるはめあいについて述べる．はめあいとは，軸を穴に差し込む場合の軸と穴とがはまりあう状態をいう．穴に差し込んだ軸が回るようにするためには，軸と穴の間にすきまがなくてはならないので，このようなはめあいをすきまばめという．また，軸を固く穴に固定するためには，軸と穴の間

にすきまがあってはならず，むしろ穴の径のほうが小さく，しめしろがあるほうがよい．これをしまりばめという．これら二つのはめあいの中間で，穴と軸の径がほとんど等しいようなはめあいを中間ばめという．中間ばめは，取り外しが必要な箇所や，軸の運動に精度が要求される箇所のはめあいに使う（図 1.10 参照）．

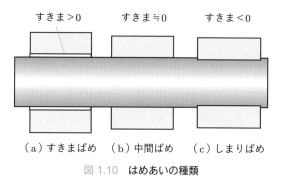

図 1.10　はめあいの種類

1.7.2　はめあいの種類とサイズ公差 (JIS B 0401-1：2016)

軸と穴のはめあいを表示するために，JIS B 0401-1 には，図示サイズ（旧基準寸法）に対するサイズの許容区間（旧公差域）の位置と寸法許容差が，図 1.11 に示す

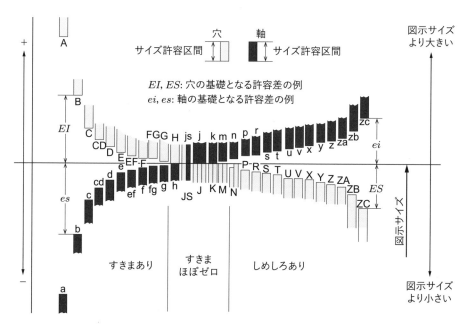

図 1.11　図示サイズに関するサイズ許容区間の位置（基礎となる許容差）の概要 (JIS 0401-1：2016)

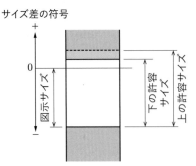
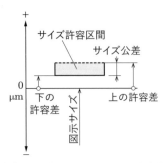

（a）図示サイズ，上，下の許容サイズ　　　（b）サイズ許容区間と上，下の許容差

図 1.12　穴を例として用いた用語と定義 (JIS 0401-1：2016)

ような形で規定されている．図 1.12 には，穴を例として用いた用語と定義を図示する．軸と穴のサイズ許容区間の位置はアルファベットを用いて表され，軸に対してはアルファベットの小文字を，穴に対しては大文字を用いる．サイズ許容区間とは，基準線に対して定められる上と下の寸法許容差の間の領域をいい，その大きさをサイズ公差とよぶ．なお，2016 年の JIS 0401 の改正により用語が変更されているため注意が必要である．表 1.6 に新用語と旧用語の対応を示す．

軸の場合，サイズ許容区間の位置 a～g は図示サイズより軸径が小さい軸（すきま

表 1.6　JIS B 0401-1：2016 における用語改正

新用語	旧用語	備　考
図示サイズ	基準寸法	図示によって定義された完全形状の形体のサイズ
当てはめサイズ	実寸法	当てはめ外殻形体のサイズ
許容限界サイズ	許容限界寸法	サイズ形体の極限まで許容できるサイズ
上の許容サイズ	最大許容寸法	サイズ形体において，許容できる最大のサイズ
下の許容サイズ	最小許容寸法	サイズ形体において，許容できる最小のサイズ
サイズ差	寸法差	当てはめサイズから，基準値を減じた値
上の許容差	上の寸法許容差	上の許容サイズから図示サイズを減じたもの
下の許容差	下の寸法許容差	下の許容サイズから図示サイズを減じたもの
サイズ公差	寸法公差	上の許容サイズと下の許容サイズとの差
基本サイズ公差	基本公差	サイズ公差のための ISO コード方式に属するすべての公差
基本サイズ公差等級	基本公差等級	共通識別記号によって特徴付けたサイズ公差の集まり
サイズ許容区間	公差域	サイズ公差許容限界以内におけるサイズの変動値
公差クラス	公差域クラス	基礎となる許容差と基本サイズ公差等級との組み合わせ

あり）を示し，n～zc は図示サイズより大きい軸（しめしろあり）を示す．h, j, k, m は，図示サイズとほぼ同様の軸径をもつ軸を示す．

　穴の場合は，軸の場合とは反対に，A～G の文字は，実際の穴寸法が図示サイズより大きい穴（すきまあり）を示し，N～ZC の文字は図示サイズより小さい穴を示す．

(1) サイズ公差

　はめあいの基本サイズ公差は，基本サイズ公差等級に従って決められており，IT0，IT01, IT1～IT18 までの 20 等級が規定されている．ただし，IT0, IT01 はあまり使用されない．表 1.7 に，基本サイズ公差等級の数値の一例を示す．表中の数値は許容される寸法範囲を示しており，等級の数値が小さいほど許容範囲が狭いことを意味する．また，図示サイズ（軸の直径や穴の内径など）が小さくなるほど，同じ

表 1.7　図示サイズに対する基本サイズ公差等級の数値 (JIS B 0401-1 : 2016)

図示サイズ [mm]		基本サイズ公差等級								
		IT 1	IT 2	IT 3	IT 4	IT 5	IT 6	IT 7	IT 8	IT 9
超	以下	基本サイズ公差値								
		μm								
—	3	0.8	1.2	2	3	4	6	10	14	25
3	6	1	1.5	2.5	4	5	8	12	18	30
6	10	1	1.5	2.5	4	6	9	15	22	36
10	18	1.2	2	3	5	8	11	18	27	43
18	30	1.5	2.5	4	6	9	13	21	33	52
30	50	1.5	2.5	4	7	11	16	25	39	62
50	80	2	3	5	8	13	19	30	46	74
80	120	2.5	4	6	10	15	22	35	54	87

図示サイズ [mm]		基本サイズ公差等級								
		IT 10	IT 11	IT 12	IT 13	IT 14	IT 15	IT 16	IT 17	IT 18
超	以下	基本サイズ公差値								
		μm		mm						
—	3	40	60	0.1	0.14	0.25	0.4	0.6	1	1.4
3	6	48	75	0.12	0.18	0.3	0.48	0.75	1.2	1.8
6	10	58	90	0.15	0.22	0.36	0.58	0.9	1.5	2.2
10	18	70	110	0.18	0.27	0.43	0.7	1.1	1.8	2.7
18	30	84	130	0.21	0.33	0.52	0.84	1.3	2.1	3.3
30	50	110	160	0.25	0.39	0.62	1	1.6	2.5	3.9
50	80	120	190	0.3	0.46	0.74	1.2	1.9	3	4.6
80	120	140	220	0.35	0.54	0.87	1.4	2.2	3.5	5.4

基本サイズ公差等級でも数値が小さくなっている．つまり，図示サイズが小さくなるにつれ，許容される寸法範囲が狭くなることを意味する．

　はめあいを表すためには，サイズ許容区間の位置（図 1.11）とサイズ公差等級（表 1.7）を用いて表す，サイズ公差記号が用いられる．たとえば，軸のサイズ公差記号が h7 で表されるとき，サイズ許容区間の位置が h（下の寸法許容差がゼロ）でサイズ公差等級が IT7 であることを示している．いま，軸の直径（図示サイズ）を 30 mm とすると，公差付き寸法は φ 30h7 という形式で表し，IT7 の数値が 21 μm（表 1.7 参照）であることから，$\phi 30^{+0.021}_{+0.0}$（軸寸法は，＋0.0〜＋0.021 の範囲内にあること）を意味する．穴の場合のサイズ公差記号は，H8 などと表す．

(2) 軸と穴の組み合わせ

　軸と穴を組み合わせる場合，図 1.13 に示すように，穴を基準として各種の軸を組み合わせる穴基準方式と，軸を基準として各種の穴を組み合わせる軸基準方式がある．図 1.14 に，30 mm の穴寸法を基準とした場合の，はめあいの種類に対応した軸のサイズ公差記号とサイズ公差の一例を示す．たとえば，基準とする穴のはめあいを H7 とすると，軸側のサイズ許容区間が h〜n であれば中間ばめになり，H6 では h〜m が中間ばめの領域となる．また，穴のサイズ公差等級を高くした場合には，軸のサイズ公差等級もそれに合わせて高くとらなければならない．つまり，ものを組み立てるためには，精度等級を合わせることが必要となる．

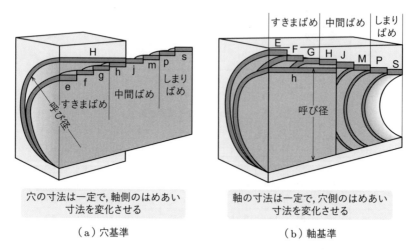

（a）穴基準　穴の寸法は一定で，軸側のはめあい寸法を変化させる

（b）軸基準　軸の寸法は一定で，穴側のはめあい寸法を変化させる

図 1.13　穴基準，軸基準のはめあい

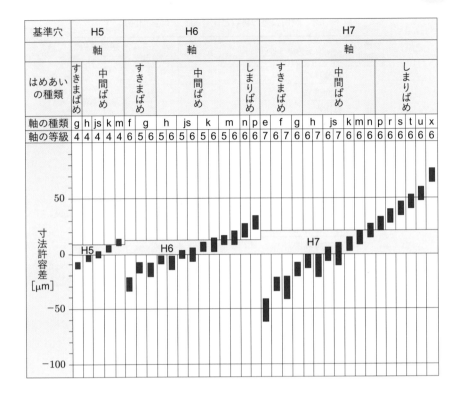

基準穴	H5						H6										H7														
	軸					軸										軸															
はめあいの種類	すきまばめ	中間ばめ				すきまばめ		中間ばめ							しまりばめ		すきまばめ			中間ばめ						しまりばめ					
軸の種類	g	h	js	k	m	f	g	h	js	k	m	n	p	e	f	g	h	js	k	m	n	p	r	s	t	u	x
軸の等級	4	4	4	4	4	6	5	6	5	6	5	6	5	6	6	7	6	7	6	6	7	6	7	6	6	6	6	6	6	6	6

図 1.14　**直径 30 mm の穴を基準とした場合の軸のサイズ許容区間の位置と基本サイズ交差等級**
(JIS B 0401-2：2016)

1.8　幾何公差 (JIS B 0021：1998)

　機械部品の機能を十分に発揮させるためには，寸法の許容値だけではなく，機械部品を構成する表面や穴，溝など（これらを形体という）に関する幾何的な許容値も必要となる．形体には，理論的に正確に定められた幾何学的基準（点，直線，平面などで，データムという）に関連して幾何偏差が決められる関連形体と，データムに関連なく幾何偏差が決められる単独形体とがある．幾何公差は，幾何偏差の許容値として表される．表1.8 に，幾何公差の種類と記号を示す．単独形体に関する公差としては，形状公差（真直度，平面度，真円度など）がある．また，データムとの偏差で決定される関連形体としては，姿勢公差，位置公差および振れ公差がある．

表 1.8　幾何公差の種類と記号 (JIS B 0021 : 1998)

公差の種類	特　性	記　号	データム指示	適用する形体
形状公差	真直度	——	否	単独形体
	平面度	▱	否	
	真円度	○	否	
	円筒度	⌀	否	
	線の輪郭度	⌒	否	単独形体または関連形体
	面の輪郭度	◠	否	
姿勢公差	平行度	//	要	関連形体
	直角度	⊥	要	
	傾斜度	∠	要	
	線の輪郭度	⌒	要	
	面の輪郭度	◠	要	
位置公差	位置度	⊕	要・否	
	同心度（中心点に対して）	◎	要	
	同軸度（軸線に対して）	◎	要	
	対称度	=	要	
	線の輪郭度	⌒	要	
	面の輪郭度	◠	要	
振れ公差	円周振れ	↗	要	
	全振れ	↗↗	要	

● 1.9　表面粗さ (JIS B 0601 : 2013)

　機械要素は機械的な加工によって製作されるが，その表面を拡大してみると，必ずしも平滑なものではなく，凸凹が存在する．表面粗さはこの凸凹の大きさを表す尺度として使用され，図 1.15 に示すような表面粗さ計を用いて測定することができる．表面粗さ計を用いて部材表面を測定すると，図 1.16 に示すように，部材表面をある平面で切ったときの断面曲線が得られる．うねり曲線は低域通過フィルタによって短波長成分を遮断して得た輪郭曲線をいう．粗さ曲線は，断面曲線から高域通過フィルタによって長波長成分を遮断して得た輪郭曲線をいう．機械要素の表面粗さは，その使用目的によって粗いままでよい場合もあるし，きわめて粗さを小さくしなければならない場合もある．一般には，高い寸法精度が要求されるような場合には，表面粗さも小さくしなければならない．表面粗さは JIS B 0601 に規定されているが，ここでは，そのうち 3 種類について紹介する．

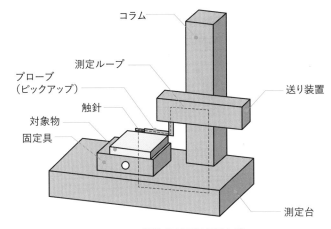

図 1.15　触針式表面粗さ測定機

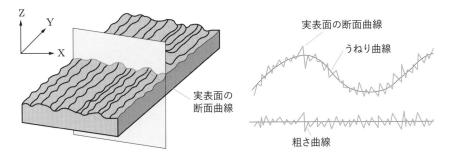

図 1.16　実表面の断面曲線と粗さ曲線およびうねり曲線

最大高さ粗さ (Rz)：図 1.17 に示すように，基準長さ l における粗さ曲線の山高さ Z_p の最大値と谷深さ Z_v の最大値との和で表される．

算術平均粗さ (Ra)：基準長さ l における $Z(x)$ の絶対値の平均値で与えられる．よって，式としては次のようになる．

$$Ra = \frac{1}{l} \int_0^l |Z(x)| dx \tag{1.7}$$

十点平均粗さ (Rz_{JIS})：基準長さ l において，もっとも高い山高さから 5 番目までの山高さと，もっとも深い谷深さから 5 番目までの谷深さの絶対値の和をとり平均した値であり，以下の式で表される．

$$Rz_{\mathrm{JIS}} = \frac{1}{5} \sum_{n=1}^{5} (Z_{pn} + Z_{vn}) \tag{1.8}$$

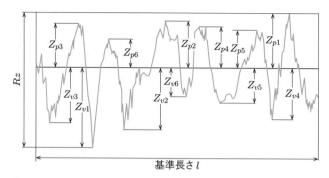

図 1.17　**輪郭曲線の最大高さ（粗さ曲線の例）**（JIS B 0601：2013）

　十点平均粗さは，日本では広く使用されていた粗さパラメータであったが，1997 年の JIS の改正で JIS からは削除された．しかし，付属書に参考として残されている．

ねじ

　一般の機械装置や機械部品では，加工，組立，運搬，保守などを考えた場合，一体で作るより分割して作ったほうが都合のよいことが多い．このときに結合部分が緩んだり，外れたり，また大きなすきまを生じてはならない．「ねじ」は，このような部品を結合することをおもな目的とする要素である．

　日常生活で使用される家具や家電品などでは，ねじが破損しても大きな事故につながることはあまりないが，機械製品に使われているねじの場合，破損することによって機械が動かなくなったり，部品が脱落し，大きな事故につながったりすることもありうる．そのため，ねじを機械製品に使う場合には，その使い方を十分理解しておくことが大切である．ここでは，ねじの種類や使用箇所，選定法などについて説明する．

　なお，部品の結合法には，ねじのように分解可能な非永久結合のほかに，溶接などのように結合後に分解不可能な永久結合がある．

2.1 ねじの形 (JIS B 0101 : 2013)

　図 2.1 のような直径 d_2 の円筒に，その底辺が円筒の円周長さ πd_2 に等しく，底辺と斜辺の角度が β の直角三角形の斜辺を巻きつけると，三角形の斜辺は円筒面上に螺旋（つる巻き線）を形作る．ねじは，このつる巻き線にそって，三角形や台形などの溝をつけたものである．$\beta\ (= \mathrm{Tan}^{-1}(L/\pi d_2))$ をリード角，図中の γ をねじれ角，L をリードという．

　図 2.2 に，実際の三角ねじの形状と各部の名称を示す．図に示すように，ねじにはおねじとめねじがあり，これらを組み合わせることで，ねじはその役割を果たせるようになっている．いうまでもなく，おねじとめねじは，それらの各部の形状や

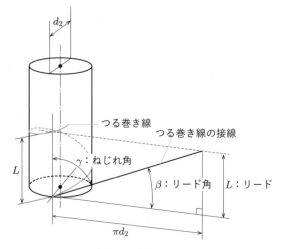

図 2.1　ねじの形状 (JIS B 0101 : 2013)

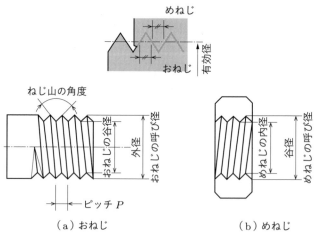

図 2.2　三角ねじの形状と各部の名称

寸法が同じでないと，両者をかみ合わせることはできない．ねじ山から次のねじ山までの距離をピッチ（記号 P）といい，おねじかめねじのどちらかを固定し，他方を1回転させたときに軸方向に進む距離がリードである．ねじは，大きさによってよび方を区別するが，おねじの場合は外径を，めねじの場合は谷径を，ねじをよぶ場合の代表長さ（呼び径）として使用している．図 2.2 中に有効径とあるが，これは，おねじのねじ山とめねじのねじ溝の軸方向の幅が同じになるような，仮想的な円筒の直径である．

　ねじには，図2.3に示すように，1本のひもを円筒に巻き付けたようにねじ山が切られた一条ねじ，2本あるいは3本のひもを巻き付けたようにねじ山が切られた二条ねじ，三条ねじ（二条ねじ以上を総じて多条ねじという）などがある．一条ねじでは，ピッチとリードが同じ値であるのに対し，二条ねじでは，リードはピッチの2倍の値となり，1回転で一条ねじの2倍の距離を送ることができる．

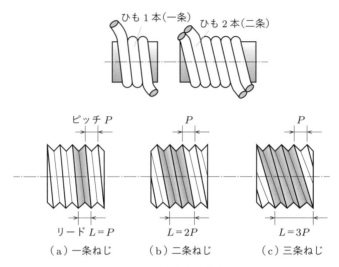

（a）一条ねじ　　　　（b）二条ねじ　　　　（c）三条ねじ

図2.3　一条ねじと多条ねじ

　また，ねじには，図2.4に示すように，右ねじと左ねじがある．めねじを固定し，おねじを時計回りに回転（右回り）させた場合，めねじの中に入っていくねじを右ねじという．逆に，反時計回りに回転（左回り）させるとめねじの中に入っていくねじを左ねじという．しかし，通常，ねじは右ねじなので，右ねじについては，「右」を付けずに「ねじ」とよんでいる．左ねじは，回転軸などに取り付けられるねじで，右ねじではねじが緩む方向（左回り）に力を受ける特殊な箇所に使われる．

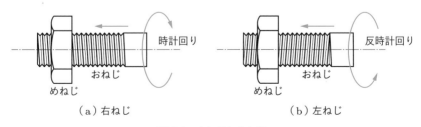

（a）右ねじ　　　　　　　　　　　（b）左ねじ

図2.4　右ねじと左ねじ

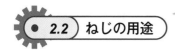

2.2　ねじの用途

ねじは，おねじとめねじを組み合わせることにより，おもに図2.5に示すような，3つの用途に使われることが多い．

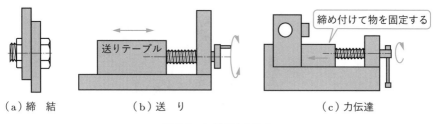

（a）締　結　　　　　　（b）送　り　　　　　　　　（c）力伝達

図 2.5　ねじのはたらき

締結用ねじ：ねじ山に生じる摩擦を利用することによって，複数の部品をつなぎ合わせ，固定するために使用されるねじである．ボルトやナット，管用ねじなどがある．

送り用ねじ：ねじの回転運動を直線運動に変えることによって，テーブルなどを移動させるために使用されるねじである．送りねじやボールねじなどがある．

力伝達用ねじ：軸方向に大きな力を生じさせ，伝達するために使用するねじである．ジャッキや万力，プレス機械に使用される．

2.3　ねじ山の種類とねじの表示法

ねじ山には，以下に示すような種類がある．

2.3.1　三角ねじ

三角ねじは，ねじ山の角度が 60° の二等辺三角形のねじであり，締結用ねじとして広く使用されている（図2.6）．図において，d はおねじの外径，d_1 はおねじの谷径，d_2 はおねじの有効径である．一方，D はめねじの谷径，D_1 はめねじの内径，D_2 はめねじの有効径である．

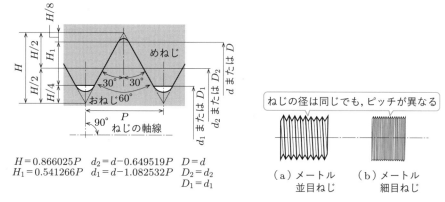

図 2.6 三角ねじ（メートルねじ，ユニファイねじ）(JIS B 0205-1 : 2001, 0206 : 1973)

(1) 一般用メートルねじ (JIS B 0205 : 2001)

メートルねじは，各部の長さをミリメートル単位で表したねじであり，並目（なみめ）ねじと，並目ねじに比べてピッチを細かくした細目（ほそめ）ねじがある．並目ねじは，一般締結用ねじとして用いられ，JIS B 0205-2 に呼び径（おねじの外径，めねじの谷径）1〜68 mm までの規格が制定されている．細目ねじは，並目ねじに比べ緩みにくいので，緩みが問題になる箇所や振動部分，薄肉部品の締結，精密調整用などに用いられ，呼び径 1〜300 mm までの規格が制定されている．

メートルねじにおいて，呼び径が 0.3〜1.4 mm の小さいねじについては，ミニチュアねじとして JIS B 0201 に規定されている．これは，光学機器や計測機器用に使用される．

(2) ユニファイねじ (JIS B 0206 : 1973, 0208 : 1973)

ユニファイねじは，ねじ山の形状はメートルねじと同じであるが，インチ単位で寸法などが決められており，アメリカ，カナダなどが中心となって規格化されたねじである．このねじのピッチは，1 インチ (25.4 mm) あたりのねじ山の数で表される．ユニファイねじにも並目と細目ねじがあるが，用途としては航空機用に限られている．

(3) 管用ねじ (JIS B 0202 : 1999, 0203 : 1999)

管用ねじは，管，管用部品，流体機械などの接続箇所において管をつなぎ合わせるために用いられる．つなぎ合わせる箇所の管の強度を維持するために，ねじ山の高さは低く，ピッチも小さく定められている．管用ねじのねじ山の角度は 55° であ

り，インチ単位で寸法が決められている（図2.7）．ピッチはユニファイねじと同様，
1インチあたりのねじ山の数で与えられる．管用ねじには，管内を流れる流体が漏
れないように締結部の密封性に重点を置いたテーパねじと，構造用鋼管を接合する
など単に機械的な接合を行うための平行ねじがある．

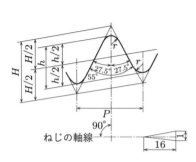

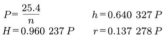

$$P = \frac{25.4}{n} \qquad h = 0.640\ 327\ P$$
$$H = 0.960\ 237\ P \qquad r = 0.137\ 278\ P$$

（a）テーパおねじおよびテーパめねじに
　　対して適用する基準山形

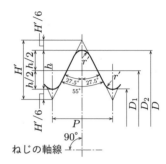

$$P = \frac{25.4}{n} \qquad h = 0.640\ 327\ P$$
$$H' = 0.960\ 491\ P \qquad r' = 0.137\ 329\ P$$

（b）平行めねじに対して適用する基準山形

図 2.7　**管用ねじ** (JIS B 0202：1999, B 0203：1999)

2.3.2 メートル台形ねじ (JIS B 0216：2013)

　メートル台形ねじは，ねじ山が台形の形のねじで，三角ねじに比べて摩擦が小さ
いことから，ねじの回転運動を直線運動に変換し物体を直線的に移動させる送りね
じや，軸方向に大きな力を生じさせる機器に使用されることが多い．台形ねじのね
じ山の角度は30°となっている（図2.8）．

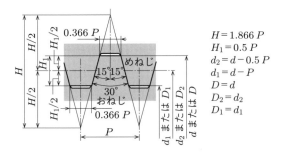

$$H = 1.866\,P$$
$$H_1 = 0.5\,P$$
$$d_2 = d - 0.5\,P$$
$$d_1 = d - P$$
$$D = d$$
$$D_2 = d_2$$
$$D_1 = d_1$$

図 2.8　規準山形：台形ねじ (JIS B 0216-1 : 2013)

2.4　締結用ねじ部品の種類

　ボルトやナットなど，ねじ山をもった機械部品をねじ部品といい，寸法や形状の異なる数多くの種類が JIS によって規格化され，市販されている．

(1) ねじ部品の材料

　ねじ部品の材料は，おもに鋼，ステンレス鋼，合金鋼，非鉄金属（黄銅）であるが，アルミニウム，チタン，プラスチックなどもあり，用途によって使い分けられる．

(2) 部品等級 (JIS B 1021 : 2003)

　一般用のねじ部品（呼び径 1.6～150 mm）は，軸部や座面などの寸法精度に応じて，精度の高いものから A, B, C の 3 段階の部品等級が規定されている (JIS B 1021)．また，呼び径の小さいねじには，部品等級 F が精巧機器用として規定されている．

(3) ねじ部品のサイズ規格 (JIS B 0205 : 2001)

　JIS B 0205-3 には，ねじ部品用に選択されたサイズ（呼び径とピッチの関係）が規定されているので，設計者は，設計仕様に合った寸法，形状の規格品の中からねじ部品を選べばよいことになっている．表 2.1 に，ねじ用部品のサイズの一例を示す．表中の第 1 選択とあるのは，とくに支障がなければ，この欄の中から呼び径を選ぶことが望ましいという意味である．

表 2.1　ねじ用部品のサイズ (JIS B 0205-3 : 2001)

おねじ，めねじ の呼び径 D, d		ピッチ P		
第1選択	第2選択	並目	細目	
1		0.25		
1.2		0.25		
	1.4	0.3		
1.6		0.35		
	1.8	0.35		
2		0.4		
2.5		0.45		
3		0.5		
	3.5	0.6		
4		0.7		
5		0.8		
6		1		
	7	1		
8		1.25	1	
10		1.5	1.25	1
12		1.75	1.5	1.25
	14	2	1.5	
16		2	1.5	
	18	2.5	2	1.5
20		2.5	2	1.5
	22	2.5	2	1.5
24		3	2	
	27	3	2	
30		3.5	2	
	33	3.5	2	
36		4	3	
	39	4	3	
42		4.5	3	
	45	4.5	3	
48		5	3	
	52	5	4	
56		5.5	4	
	60	5.5	4	
64		6	4	

表 2.2 ねじの種類を表す記号およびねじの呼びの表し方の例 (JIS B 0123 : 1999)

区　分	ねじの種類		ねじの種類を表す記号	ねじの呼びの表し方の例	引用規格
ピッチを mm で表すねじ	メートル並目ねじ		M	M8	JIS B 0205
	メートル細目ねじ			M8×1	JIS B 0207
	ミニチュアねじ		S	S0.5	JIS B 0201
	メートル台形ねじ		Tr	Tr 10×2	JIS B 0216
ピッチを山数で表すねじ	管用テーパねじ	テーパおねじ	R	R 3/4	JIS B 0203
		テーパめねじ	Rc	Rc 3/4	
		平行めねじ	Rp	Rp 3/4	
	管用平行ねじ		G	G 1/2	JIS B 0202
	ユニファイ並目ねじ		UNC	3/8-16UNC	JIS B 0206
	ユニファイ細目ねじ		UNF	No.8–36UNF	JIS B 0208

表 2.3 ねじの等級の表し方 (JIS B 0123 : 1999)

区　分	ねじの種類		ねじの等級の表し方の例
ピッチを mm で表すねじ	メートルねじ	めねじ	有効径と内径の等級が同じ場合　6H（6：公差等級, H：公差位置）
		おねじ	有効径と内径の等級が同じ場合　6g 有効径と内径の等級が異なる場合　5g 6g（5g：有効径, 6g：内径）
		めねじとおねじを組み合わせた場合　6H/5g, 5H/5g 6g	
	ミニチュアねじ	めねじ	3 G 6（有効径の公差等級, G：有効径の公差位置, 6：内径の公差等級）
		おねじ	5 h 3（有効径の公差等級, h：有効径の公差位置, 3：外径の公差等級）
		めねじとおねじを組み合わせた場合　3G6/5h3	
	メートル台形ねじ	めねじ	7H
		おねじ	7e
		めねじとおねじを組み合わせた場合　7H/7e	
ピッチを山数で表すねじ	管用平行ねじ	おねじ	A
	ユニファイねじ	めねじ	B
		おねじ	2A

(4) 種類による表し方 (JIS B 0123 : 1999)

　JIS では，ねじの表し方についても規定されている．表2.2 に，ねじの種類に対応した記号と各部の寸法等の表し方を示す．表に示されるように，ねじの表し方は，

| ねじの種類を表す記号 | ねじの呼び径を表す数 | × | ピッチ |

（ピッチは並目ねじの場合省略可）

となっている．したがって，M8, M8 × 1 などと表す．また，ねじの等級の表し方の例を表2.3 に示す．さらに，左ねじ（記号 LH）や多条ねじ，ねじの等級を加えて表したい場合には，表2.4 のような表示方法に従う．

表 2.4　**ねじの表示方法** (JIS B 0123 : 1999)

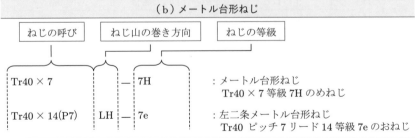

2.4.1 六角ボルト・六角ナット・六角穴付きボルト

(1) 六角ボルト・六角ナットの種類（JIS 1180：2014, 1181：2014）

　六角ボルト・六角ナットの代表的な形状を，図 2.9 に示す．六角ボルト・六角ナットは，それらを締め付ける際に使う頭の部分の形が六角形のねじ部品であり，六角形の対向する 2 面の幅 s が，ねじ呼び径 d の 1.45 倍以上（JIS に規定）になっている．これに対して $s/d < 1.45$ のものを小形六角ボルト，小形六角ナットといい，ISO によらないものとして，JIS B 1180 および 1181 の付属書にそれぞれ規定されている．しかし，将来的には廃止されるものとして，その使用は推奨されていない．

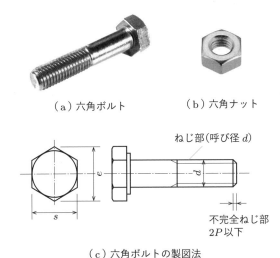

（a）六角ボルト　　　　　　（b）六角ナット

（c）六角ボルトの製図法

図 2.9　六角ボルトと六角ナット

　六角ボルトは，その形状によって，図 2.10 に示すような 3 種類に分類される．

呼び径六角ボルト：円筒部（ねじを加工していない部分）の直径がねじ外径にほぼ等しいねじ．

有効径六角ボルト：円筒部の直径が，ねじの有効径にほぼ等しいねじ．

全ねじ六角ボルト：軸部のほぼ全長がねじ部からなるねじ．

　六角ナットについては，次の 5 種類が規定されている（図 2.11）．

六角ナット‐スタイル 1：部品等級が A, B のねじで，ナットの呼び高さ m がほぼ $0.8d$（d はねじの呼び径）であるナット．両面を面取りしたナットと座付きナットの 2 種類がある．

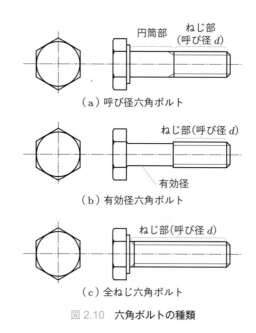

（a）呼び径六角ボルト

（b）有効径六角ボルト

（c）全ねじ六角ボルト

図 2.10　六角ボルトの種類

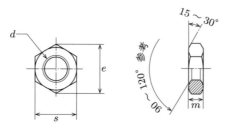

（a）六角ナット（スタイル1：$m ≒ 0.8d$, スタイル2：$m ≒ 0.9d$）

（b）六角低ナット（$m ≒ 0.5d$）

図 2.11　六角ナットの種類 (JIS B 1181 : 2014)

六角ナット - スタイル 2：部品等級が A, B のねじで，ナットの呼び高さがほぼ 0.9d であるナット．両面を面取りしたナットと，座付きナットの 2 種類がある．

六角ナット：部品等級 C のねじで，ナットの呼び高さがほぼ 0.9d であるナット．面取りナットのみで，座付きナットはない．

六角低ナット - 両面取り：部品等級が A, B のねじであり，ナットの呼び高さがほぼ 0.5d であるナット．両面が面取りされている．

六角低ナット - 面取りなし：部品等級が B のねじであり，ナットの呼び高さがほぼ 0.5d であるナット．面取りはされていない．

面取りは一般に，角部に残るバリを除去したり，角部の変形を防ぐために行う加工である．

(2) 六角穴付きボルト (JIS B 1176：2015)

図 2.12 に，六角穴付きボルトの形状を示す．六角穴付きボルトの頭部は，呼び径の約 1.5 倍程度の円形となっており，その中に六角形の穴が設けられている．このねじを締め付ける場合は，六角棒ソケット（六角レンチ）をねじの六角形の穴に差し込んで行う．締め付け工具の関係から，六角ボルトに比べ狭い場所でも締め付けが可能であり，ボルトの頭部を締結部に沈めたい場合にも適する．また，一般に材質として合金鋼（クロムモリブデン鋼（記号 SCM），ニッケルクロムモリブデン鋼（記号 SNCM）など）を用いており，六角ボルトに比べ強度が大きい．部品等級は A であり，1.6〜64 mm の呼び径のねじが，JIS B 1176 に規定されている．表面には，耐食性のため黒色酸化皮膜処理が施してある．

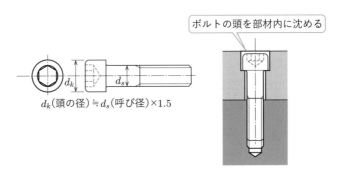

ボルトの頭を部材内に沈める

d_k（頭の径）≒ d_s（呼び径）×1.5

図 2.12　六角穴付きボルト

2.4.2 ボルトによる部材の締結法

ねじを用いて部材を締結する方法としては，図2.13に示す3種類がある．

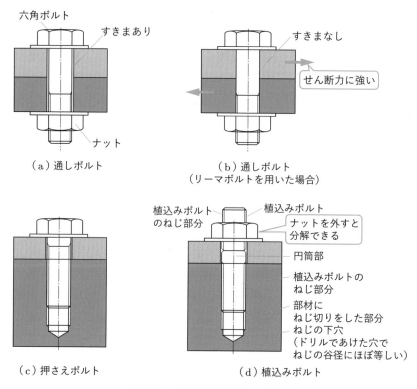

（a）通しボルト

（b）通しボルト
（リーマボルトを用いた場合）

（c）押さえボルト

（d）植込みボルト

図 2.13　ボルトによる部材の締結法

(1) 通しボルト

　締結する部材にボルトの呼び径よりも少し大きい穴をあけ，そこにボルトを通し，ナットで締め付ける方式である．もっとも一般的でコストも安いが，横方向からの大きな力（せん断力）が締結部材に加わる場合には部材がずれるため不適である．また，ボルトおよびナットを締め付ける作業空間が必要である．

(2) 通しボルト（リーマボルトを用いた場合）

せん断力が大きい場合には，ボルト外径と通し穴の内径との間にすきまを作らないようにする．そのため，穴径を正確に空けられるリーマを用いて通し穴を加工する．この際に用いるボルトとしてリーマボルトがあり，ボルトの円筒部も正確に加工されている．これにより，せん断力による部材のずれを防止できる．

(3) 押さえボルト

締結する一方の部材の厚さが厚く通し穴を加工できない場合や，通しボルトでは締め付け作業空間がとれない場合，流体機械など作動流体の漏れを防止する場合などに，一方の部材にめねじを切り，ボルトで締結する方式である．ただし，ねじの取り付け，取り外しを繰り返すとめねじが摩耗するので，一般には，一度取り付けたあとはほとんど分解しないような場合に使用する．押さえボルトのめねじの深さの目安を，表 2.5 に示す．

表 2.5 押さえボルトのめねじの深さの目安

材 料	めねじ深さ	下穴深さ
鋼，銅合金展伸材	$1.25d + 3P$	$1.25d + 8P$
鋳鉄，銅合金鋳物	$1.5d + 3P$	$1.5d + 8P$
軽合金	$2d + 3P$	$2d + 8P$

P：ピッチ，d：呼び径

(4) 植込みボルト (JIS B 1173：2015)

押さえボルトと同様な場合に用いられるが，取り付け，取り外しを頻繁に行わなければならない場合に使用する方式である．植込みボルトは，円筒部を挟んで両端にねじが設けられている．ねじ込み固定する側のねじは，分解する際に緩むことがないように締まりばめ用のねじが指定され，ナット側は，すきまばめである 6g が指定されている．呼び径は，4〜20 mm のものが JIS B 1173 に規定されている．

2.4.3 小ねじ類および座金

小ねじ，止めねじ，タッピンねじを一括して，小ねじ類とよぶ．

(1) 小ねじ (JIS B 1101：2017, B 1111：2017)

呼び径が 1〜8 mm のねじを小ねじとよぶ．一般に広く使われており，おもに小さ

な部品の締結を目的に使用される．一般に，小ねじの頭部にはすりわりや十字穴が設けられているが，最近では，締め付けの確実性から，十字穴付きの小ねじが多く用いられている．締め付けはドライバー（ねじ回し）で行われる．ISO には4種類の頭部形状が規定されており，JIS では8種類の小ねじが規定されている．図2.14 に小ねじの名称と種類，品質を示す．

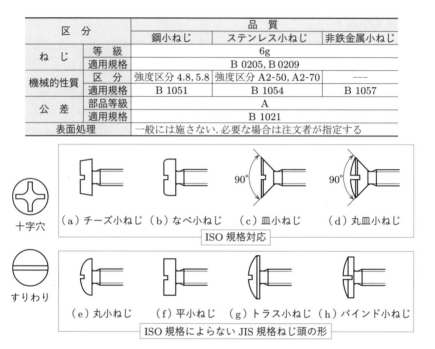

区　分		品　質		
		鋼小ねじ	ステンレス小ねじ	非鉄金属小ねじ
ね　じ	等　級	6g		
	適用規格	B 0205, B 0209		
機械的性質	区　分	強度区分 4.8, 5.8	強度区分 A2-50, A2-70	————
	適用規格	B 1051	B 1054	B 1057
公　差	部品等級	A		
	適用規格	B 1021		
表面処理		一般には施さない．必要な場合は注文者が指定する		

（a）チーズ小ねじ　（b）なべ小ねじ　（c）皿小ねじ　（d）丸皿小ねじ

ISO 規格対応

十字穴

（e）丸小ねじ　（f）平小ねじ　（g）トラス小ねじ　（h）バインド小ねじ

ISO 規格によらない JIS 規格ねじ頭の形

すりわり

図 2.14　小ねじの種類と品質

(2) 止めねじ (JIS B 1177：2007)

止めねじは，大きな力が加わらないような部材をある位置に止めておきたいような場合に，簡易的な方法として用いられることが多い．図2.15 に止めねじの形状と使用例を示す．

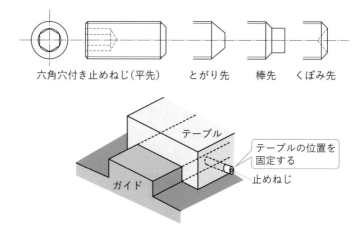

六角穴付き止めねじ(平先)　　とがり先　　棒先　　くぼみ先

テーブル

テーブルの位置を固定する

止めねじ

ガイド

図 2.15　止めねじの形状と使用例

(3) タッピンねじ (JIS B 1122：2015)

　タッピンねじは，あらかじめ下穴を加工しておくと，ねじ込むことにより，自身でねじ切りをしながら締め付けることができるねじである．相手材が薄鋼板や合成樹脂などの場合に用いられる．めねじをあらかじめ切ることが不要なので作業性がよく，また，おねじとめねじの遊びがないので，緩みにくいという特徴がある．しかし，修理などで取り外しを行うような使用には，ねじがきかなくなりやすいので不向きである．タッピンねじの形状を，図 2.16 に示す．

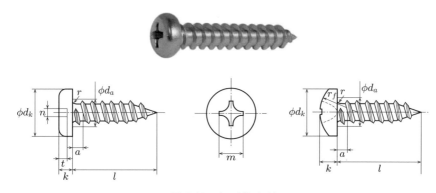

図 2.16　タッピンねじ

(4) 座金 (JIS B 1251 : 2018, 1256 : 2008)

　座金は，図2.17に示すように，ボルト，ナットと締め付け部材との間に入れることで，ナットなどを締め付ける際に部材に傷がつくことを防ぐ円環状金属板である．また，部材の表面が粗い場合には，座金を入れることで部材との間の摩擦が減り，十分な締め付け力を与えることができる．部材が軟らかい場合には，座金を入れることで部材との接触面積が増え，ねじが部材内に沈み込まないようにできる．座金の種類としては，平座金やばね座金がある．

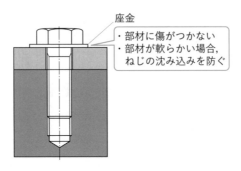

図 2.17　座　金

2.5 ねじ部品の強度 (JIS B 1051 : 2014, 1052 : 2014)

　ねじ部品を選択する場合，ねじがどの程度の強度をもっているかを知っておく必要がある．誤った強度のねじを選択すると，場合によってはねじの破損を招き，機械が故障したり損傷したりするおそれがある．ねじ部品の強度はJISに規定されており，それを用いて適切なねじを選定することができるようになっている．

2.5.1 鋼製ボルトの強度区分 (JIS B 1051 : 2014, 1180 : 2014)

　締結部材を一定の締め付け力で締め付けるためには，それに応じたボルトの強度が必要となる．ボルトの強度は，強度区分によって表される．

　強度区分とは，ボルト材料の引張り強さと降伏点を表す数値であり，

| 4.8 | 5.6 |

などと表す. これらの数字の意味は, 以下のようである.

- 1の位の数字 (4あるいは5)

  引張り強さ [MPa] を100で割った値を示す. したがって, 4の場合の引張り強さは, 400 MPa となる.

- 小数点以下の1桁の数字 (8あるいは6)

  降伏点あるいは耐力 MPa を引張り強さで割った値であり, 降伏点あるいは耐力が引張り強さの 0.8 あるいは 0.6 倍の大きさであることを示す. よって, 強度区分 4.8 の降伏点は, $400 \times 0.8 = 320$ MPa となる.

表 2.6 に, 鋼製六角ボルトと六角穴付きボルトの強度区分を, 部品等級, ねじの等級とともに示す. また, 表 2.7 には, 鋼製ボルトの強度区分と機械的性質 (引張り応力, 降伏応力および保証荷重応力) の関係を示す.

保証荷重とは, 完全ねじ部の長さが 6 ピッチ以上あるねじにナットを取り付け, 軸方向に 15 秒間荷重を加えたあと, 荷重除去後の永久伸びが 12.5 μm 以下であることを保証する荷重のことである.

保証荷重応力を実際のねじに加えられる荷重に変換するためには, 保証荷重応力に, ねじの有効断面積 A_s を乗じればよい. ここで,

$$A_s = \frac{\pi d_s^2}{4} \tag{2.1}$$
$$d_s = \frac{(有効径 + 谷径)}{2} = d - 0.938194P$$

である.

メートルねじの有効断面積 A_s と保証荷重を表 2.8 に示す.

例題 2.1 強度区分 4.6, M8 および M8 × 1 の鋼製ボルトの保証荷重を求めよ.

解 ....

M8 について, 表 2.8 より $A_s = 36.6$ mm² が得られるので, 表 2.7 に示された強度区分 4.6 の保証荷重応力を用いて, 保証荷重は,

$$225 \, \text{MPa} \times 36.6 \, \text{mm}^2 \fallingdotseq 8240 \, \text{N}$$

となる. また, M8 × 1 の保証荷重は, 有効断面積 A_s を計算することによって得られる.

$$A_s = \frac{\pi d_s^2}{4} = \frac{\pi (d - 0.938P)^2}{4} = 39.2 \, \text{mm}^2$$

よって, $225 \, \text{MPa} \times 39.2 \, \text{mm}^2 \fallingdotseq 8820 \, \text{N}$ となる.

表 2.6　鋼製六角ボルトと六角穴付きボルトの強度区分と部品等級，ねじの等級
(JIS B 1180：2014)

ボルトの種類	部品等級	ねじ 種類	ねじ 呼び径の範囲 [mm]	ねじ 等級	材料 鋼 呼び径および強度区分	材料 ステンレス 呼び径および強度区分	材料 非鉄金属 呼び径および強度区分
呼び径六角ボルト	A	並目 細目	1.6〜24* 8〜24*	6g	$d < 3\,\mathrm{mm}$ ：当事者間協定	$d \leq 24\,\mathrm{mm}$ ：A2-70，A4-70	JIS B 1057 による
	B	並目 および 細目	16〜64* 27〜64		$3\,\mathrm{mm} \leq d \leq 39\,\mathrm{mm}$ ：5.6，8.8，9.8，10.9	$24\,\mathrm{mm} < d \leq 39\,\mathrm{mm}$ ：A2-50，A4-50 $d > 39\,\mathrm{mm}$ ：当事者間協定	
全ねじ六角ボルト	A	並目 細目	1.6〜24* 8〜24		$d > 39\,\mathrm{mm}$ ：当事者間協定		
	B	並目 および 細目	16〜64* 27〜64				
呼び径六角ボルト	C	並目	5〜64	8g	$d \leq 39\,\mathrm{mm}$ ：4.6，4.8 $d > 39\,\mathrm{mm}$ ：当事者間協定	──	──
全ねじ六角ボルト	C						
有効径六角ボルト	B	並目	3〜20	6g	全サイズ ：5.8，6.8，8.8	全サイズ ：A2-70	JIS B 1057 による
六角穴付きボルト	A	並目	1.6〜64	5g 6g	$d < 3\,\mathrm{mm}$ ：当事者間協定 $3\,\mathrm{mm} \leq d \leq 39\,\mathrm{mm}$ ：8.8，10.9，12.9 $d > 39\,\mathrm{mm}$ ：当事者間協定	$d \leq 24\,\mathrm{mm}$ ：A2-70，A3-70 A4-70，A5-70 $24\,\mathrm{mm} < d \leq 39\,\mathrm{mm}$ ：A2-50，A3-50 A4-50，A5-50 $d > 39\,\mathrm{mm}$ ：当事者間協定	当事者間協定
		細目	8〜36		$8\,\mathrm{mm} \leq d \leq 36\,\mathrm{mm}$ ：8.8，10.9，12.9	$d \leq 24\,\mathrm{mm}$ ：A2-70，A3-70 A4-70，A5-70 $24\,\mathrm{mm} < d \leq 36\,\mathrm{mm}$ ：A2-50，A3-50 A4-50，A5-50	当事者間協定

*　部品等級 A：呼び長さ l は，$10d$ または 150 mm 以下のもののうちいずれか短いほうを適用する
　　部品等級 B：呼び長さ l は，$10d$ または 150 mm を超えるもののうちいずれか短いほうを適用する

表 2.7　ボルト，ねじおよび植込みボルトの機械的性質 (JIS B 1051：2014)

機械的または物理的性質		強度区分									
		4.6	4.8	5.6	5.8	6.8	8.8 $d{\leq}16$ [mm]	8.8 $d{>}16$ [mm]	9.8	10.9	12.9
呼び引張り強さ $R_{m.nom}$[MPa]		400		500		600	800	800	900	1,000	1,200
最小引張り強さ $R_{m.min}$[MPa]		400	420	500	520	600	800	830	900	1,040	1,220
下降伏点 R_{eL}[MPa]	呼び	240	320	300	400	480	—	—	—	—	—
	最小	240	340	300	420	480	—	—	—	—	—
0.2%耐力 $R_{p0.2}$[MPa]	呼び		—		—		640	640	720	900	1,080
	最小		—		—		640	660	720	940	1,100
保証荷重応力 S_p	S_p/R_{eL} または $S_p/R_{p0.2}$	0.94	0.91	0.93	0.90	0.92	0.91	0.91	0.90	0.88	0.88
	[MPa]	225	310	280	380	440	580	600	650	830	970
破壊トルク M_B[N·m]	最小		—					JIS B 1058による			
破断伸び A[%]	最小	22	—	20	—	—	12	12	10	9	8

表 2.8　保証荷重—並目ねじ（メートルねじ） (JIS B 1051：2014)

ねじの呼び	有効断面積 $A_{s,nom}$ [mm²]	強度区分								
		4.6	4.8	5.6	5.8	6.8	8.8	9.8	10.9	12.9
		保証荷重（$A_{s,nom}{\times}S_p$）[N]								
M3	5.03	1,130	1,560	1,140	1,910	2,210	2,290	3,270	4,180	4,880
M3.5	6.78	1,530	2,100	1,900	2,580	2,980	3,940	4,410	5,630	6,580
M4	8.78	1,980	2,720	2,460	3,340	3,860	5,100	5,710	7,290	8,520
M5	14.2	3,200	4,400	3,980	5,400	6,250	8,230	9,230	11,800	13,800
M6	20.1	4,520	6,230	5,630	7,640	8,840	11,600	13,100	16,700	19,500
M7	28.9	6,500	8,960	8,090	11,000	12,700	16,800	18,800	24,000	28,000
M8	36.6	8,240	11,400	10,200	13,900	16,100	21,200	23,800	30,400	35,500
M10	58.0	13,000	18,000	16,200	22,000	25,500	33,700	37,700	48,100	56,300
M12	84.3	19,000	26,100	23,600	32,000	37,100	48,900	54,800	70,000	81,800
M14	115	25,900	35,600	32,200	43,700	50,600	66,700	74,800	95,500	112,000
M16	157	35,600	48,700	44,000	59,700	69,100	91,000	102,000	130,000	152,000
M18	192	43,200	59,500	53,800	73,000	84,500	115,000	—	159,000	186,000

2.5.2 鋼製ナットの強度区分 (JIS B 1052：2014, 1181：2014)

表 2.9, 2.10(a), (b) には, 鋼製ナットの強度区分と部品等級, ねじの等級および強度区分と保証荷重の関係を示す. ナットの強度区分は, 1桁の数値で表され, その数値の 100 倍が呼び保証荷重応力を示す.

強度区分が規定されたナットは, 10〜35℃（環境温度）の範囲でナットにおねじ

表 2.9　六角ナットの強度区分と部品等級, ねじの等級 (JIS B 1181：2014)

ナットの種類	部品等級	ねじ			材料		
		種類	呼び径の範囲 [mm]	等級	鋼	ステンレス	非鉄金属
					呼び径および強度区分	呼び径および強度区分	呼び径および強度区分
六角ナット-スタイル1	A	並目細目	1.6〜16 8〜16	6H	$D<5\,mm$：当事者間協定 並目ねじ $5\,mm\leq D\leq39\,mm$：6,8,10 細目ねじ $D\leq39\,mm$：6,8 $D\leq16\,mm$：10 $D>39\,mm$：当事者間協定	$D\leq24\,mm$ ：A2-70, A4-70 $24\,mm<D\leq39\,mm$ ：A2-50, A4-50 $D>39\,mm$ ：当事者間協定	JIS B 1057による
	B	並目および細目	18〜64				
六角ナット-スタイル2	A	並目細目	5〜16 8〜16	6H	$D\leq16\,mm$ 並目ねじ：8, 9, 10, 12 細目ねじ：8, 12	—	—
	B	並目細目	20〜36 18〜36		$16\,mm>D$ 並目ねじ：8, 9, 10, 12 細目ねじ：10		
六角ナット	C	並目	5〜64	7H	$5\,mm<D\leq39\,mm$：5 $D>39\,mm$：当事者間協定	—	—
六角低ナット-両面取り	A	並目細目	1.6〜16 8〜16	6H	並目ねじ $D<5\,mm$：当事者間協定 $5\,mm\leq D\leq39\,mm$：04, 05 細目ねじ $D\leq39\,mm$：04, 05 並目, 細目ねじ $D>39\,mm$：当事者間協定	$D\leq24\,mm$ ：A2-035, A4-035 $24\,mm<D\leq39\,mm$ ：A2-025, A4-025 $D>39\,mm$ ：当事者間協定	JIS B 1057による
	B	並目および細目	18〜64				
六角低ナット-面取りなし	B	並目	1.6〜10	6H	全サイズ 硬さHV110以上	—	JIS B 1057による

表 2.10 **鋼製ナットの保証荷重試験力** (JIS B 1052-2 : 2014)

(a) 並目ねじのナットの保証荷重試験力

ねじの呼びD	ピッチP	保証荷重試験力* [N]							
		強度区分							
		04	05	5	6	8	9	10	12
M5	0.8	5,400	7,100	8,250	9,500	12,140	13,000	14,800	16,300
M6	1	7,640	10,000	11,700	13,500	17,200	18,400	20,900	23,100
M7	1	11,000	14,500	16,800	19,400	24,700	26,400	30,100	33,200
M8	1.25	13,900	18,300	21,600	24,900	31,800	34,400	38,100	42,500
M10	1.5	22,000	29,000	34,200	39,400	50,500	54,500	60,300	67,300
M12	1.75	32,000	42,200	51,400	59,000	74,200	80,100	88,500	100,300
M14	2	43,700	57,500	70,200	80,500	101,200	109,300	120,800	136,900
M16	2	59,700	78,500	95,800	109,900	138,200	149,200	164,900	186,800
M18	2.5	73,000	96,000	121,000	138,200	176,600	176,600	203,500	230,400
M20	2.5	93,100	122,500	154,400	176,400	225,400	225,400	259,700	294,000
M22	2.5	115,100	151,500	190,900	218,200	278,800	278,800	321,200	363,600
M24	3	134,100	176,500	222,400	254,200	324,800	324,800	374,200	423,600
M27	3	174,400	229,500	289,200	330,500	422,300	422,300	486,500	550,800
M30	3.5	213,200	280,500	353,400	403,900	516,100	516,100	594,700	673,200
M33	3.5	263,700	347,000	437,200	499,700	638,500	638,500	735,600	832,800
M36	4	310,500	408,500	514,700	588,200	751,600	751,600	866,000	980,400
M39	4	370,900	488,000	614,900	702,700	897,900	897,900	1,035,000	1,171,000

* 低ナット(スタイル0)を用いる場合には,完全な負荷能力をもつナットに対する保証荷重試験力よりも低い力でねじ山がせん断破壊することを考慮する必要がある(JIS B 1052-2 附属書A参照).

(b) 細目ねじのナットの保証荷重試験力

ねじの呼びD×P	保証荷重試験力* [N]						
	強度区分						
	04	05	5	6	8	10	12
M8×1	14,900	19,600	27,000	30,200	37,400	43,100	47,000
M10×1.25	23,300	30,600	44,200	47,100	58,400	67,300	73,400
M10×1	24,500	32,200	44,500	49,700	61,600	71,000	77,400
M12×1.5	33,500	44,000	60,800	68,700	84,100	97,800	105,700
M12×1.25	35,000	46,000	63,500	71,800	88,000	102,200	110,500
M14×1.5	47,500	62,500	86,300	97,500	119,400	138,800	150,000
M16×1.5	63,500	83,500	115,200	130,300	159,500	185,400	200,400
M18×2	77,500	102,000	146,900	177,500	210,100	220,300	—
M18×1.5	81,700	107,500	154,800	187,000	221,500	232,200	—
M20×2	98,000	129,000	185,800	224,500	265,700	278,600	—
M20×1.5	103,400	136,000	195,800	236,600	280,200	293,300	—
M22×2	120,800	159,000	229,000	276,700	327,500	343,400	—
M22×1.5	126,500	166,500	239,800	289,700	343,000	359,600	—
M24×2	145,900	192,000	276,500	334,100	395,500	414,700	—
M27×2	188,500	248,000	351,100	431,500	510,900	535,700	—
M30×2	236,200	310,500	447,100	540,300	639,600	670,700	—
M33×2	289,200	380,500	547,900	662,100	783,800	821,900	—
M36×3	328,700	432,500	622,800	804,400	942,800	934,200	—
M39×3	391,400	515,000	741,600	957,900	1,123,000	1,112,000	—

* 低ナット(スタイル0)を用いる場合には,完全な負荷能力をもつナットに対する保証荷重試験力よりも低い力でねじ山がせん断破壊することを考慮する必要がある(JIS B 1052-2 附属書A参照).

をねじ込み，軸方向に保証荷重試験力を付加した場合，ねじが破損しないこと，また荷重除去後，ナットが指で回せることを満足しなければならない．

表2.11に，ナットの強度区分とそれに組み合わせるボルトの強度区分を示す．強度区分の組み合わせを誤ると，締め付けた際に強度の弱いほうのねじが破損するおそれがある．

表2.11　呼び高さが 0.8d 以上のナットの強度区分
およびそれと組み合わせるボルト (JIS B 1052-2 : 2014)

ナットの強度区分	組み合わせるボルト		ナット	
	強度区分	ねじの呼び範囲	スタイル1	スタイル2
			ねじの呼び範囲	
5	5.8	≦M39	≦M39	―
6	6.8	≦M39	≦M39	―
8	8.8	≦M39	≦M39	>M16 ≦M39
9	9.8	≦M16	―	≦M16
10	10.9	≦M39	≦M39	―
12	12.9	≦M39	≦M16	≦M39

備考：一般に，高い強度区分に属するナットは，それより低い強度区分のナットの代わりに使用することができる．ボルトの降伏応力または保証荷重応力を超えるようなボルト・ナットの締詰には，この表の組み合わせより高い強度区分のナットの使用を推奨する．

2.5.3 締結材に静的な引張り荷重が加わる場合の鋼製ボルトの簡易選定法

図2.18に示すようなねじ締結体に，一定の引張り外力（静荷重）W が加わることは，一般によくあることである．設計者は，その際，ボルトがねじとしての機能を失わないようにするために，適当なねじ径および強度区分を選定しなければならない．このような場合のねじ径および強度区分を決定するためには，厳密には，種々の条件を考慮して，詳細に計算が行われる[1]．しかし，多少過剰な強度設計になってもよいような場合には，安全率を用いた簡易的な選定法が用いられる．

簡易的な選定法では，図のように鋼製ボルトを用いて2枚の締結部材を締結する場合，実際に加わる荷重を大きめに見積もる（実際の荷重に安全率を乗じる）ことにより，安全性を考慮した選定を行う．安全率を考慮した荷重 W_r は，次式で与え

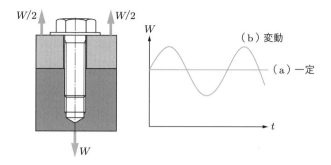

図 2.18 おねじに引張り荷重が加わる場合

られる.

$$W_r = 安全率 f_s \times W \tag{2.2}$$

よって，ボルトを選定する際には，その保証荷重の値が荷重 W_r よりも大きなものを選べばよいことになる.

例題 2.2　図 2.18 に示すように，並目ボルトによって締結された部材に加わる静荷重 W を $W = 10\,\text{kN}$ とした場合，保証荷重を基準として，ボルトの径および強度区分を選定せよ.

解

　安全率の決定には，種々の条件を加味する必要があるが，ここでは，簡単のために式 (1.5) に含まれる各係数をすべて大きめにとった場合を考える. この場合，安全率の範囲は 2.0〜2.5 となるが，ここでは安全率 $f_s = 2.0$ とする. したがって，安全率を考慮した荷重 W_r は，

$$W_r = 安全率 f_s \times W = 2 \times 10 = 20\,\text{kN}$$

となる. 表 2.8 の中から，保証荷重が荷重 W_r よりも大きなボルトを選定すると，M8 とした場合，強度区分 8.8 のボルト（保証荷重 $= 21.2\,\text{kN}$）を選択することになる.

2.5.4 ねじのせん断強さ

ねじは，軸方向の荷重のほかに，図 2.19 に示すように，ねじ外径に対して直角方向から荷重を受ける場合がある. この場合のねじ部のせん断強さは，通常，引張り強さの 0.6〜0.7 倍として与えられることを用いて求めることができる.

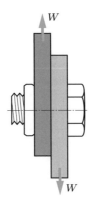

図 2.19　せん断荷重を受けるおねじ

例題 2.3　　M8，強度区分 8.8 のボルトの外径にせん断力として荷重 F が加わるとき，ボルトが破断しない F の最大値を求めよ．

解 ....

　　与えられたボルトの引張り強さが 800 MPa であることから，せん断強さを引張り強さの 0.6 倍とすると，480 MPa が得られる．よって，ボルトの有効断面積 A_s を考慮することによって，せん断荷重 F の最大値は，以下のようになる．

$$F = 480 \times 36.6 = 17.6 \, \text{kN}$$

2.5.5 ねじ山のせん断強さ

　締め付け力 F を受けるボルトやナットでは，応力集中によりねじ山がせん断破断することが考えられる．図 2.20 に示すように，ボルトでは AB にそって，またナッ

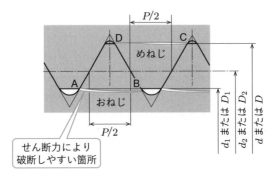

図 2.20　ねじ山のせん断強さ

トでは CD にそってせん断破断が生じるとすると，ボルト，ナットの根本に生じる
せん断応力 τ_b, τ_n は，それぞれ以下のように与えられる．

$$\tau_b = \frac{F}{z\pi d_1 \times 0.75P}, \quad \tau_n = \frac{F}{z\pi D \times 0.875P} \tag{2.3}$$

ここで，z は負荷を支えることができるねじ山の数であり，ナットの長さを L_n とす
ると，近似的に，

$$z = \frac{L_n - 0.5P}{P} \tag{2.4}$$

で与えられる．なお，ねじ山に荷重が作用するときは，第 1 山に 30%，第 2 山に
20%の荷重が作用し，ねじ山によって異なった荷重が作用するといわれている．し
かし，ねじ山が破壊する際には，ねじ山が変形し，全ねじ山に荷重が作用すると考
えられる．

　式 (2.3) から明らかなように，$\tau_b > \tau_n$ であることから，ボルトのねじ山が先に破
断する．

2.5.6 鋼製ボルトが疲労破壊に至らない軸方向動荷重の簡易計算法

　図 2.18 中の曲線 (b) に示すように，ボルトに加わる荷重が時間的に変動する場合
（変動荷重という）がある．この場合には，ボルトの疲労破壊を考慮しなければなら

表 2.12　疲労限度の推定値 σ_{WK} [MPa][1]

ねじの呼び	鋼製メートル並目ねじ 強度区分					ねじの呼び	鋼製メートル細目ねじ 強度区分				
	4.6	6.8	8.8	10.9	12.9		4.6	6.8	8.8	10.9	12.9
M4	78	81	87	76	110						
M5	72	73	77	66	96	—	—	—	—	—	—
M6	68	69	73	62	89						
M8	62	62	63	74	76	M8×1	63	74	63	75	77
M10	54	52	53	63	64	M10×1.25	56	55	56	65	66
M12	51	48	48	56	58	M12×1.25	56	53	54	63	65
M16	47	44	43	50	51	M16×1.5	51	48	48	56	57
M20	42	40	39	45	46	M20×1.5	50	47	47	54	56
M24	40	36	35	41	41	M24×1.5	46	43	42	50	50
M30	37	35	39	39	39	M30×2	46	44	50	50	51
M36	37	33	38	38	38	M36×3	41	38	43	43	44

ない. 表2.12 に, 疲労破壊に対する強さである疲労限度の推定値を, 鋼製ボルトの呼び径, 強度区分ごとに示す. 疲労限度 σ_{WK} は, 振幅が一定の繰り返し荷重が無限回数にわたって加わった場合でも疲労破壊することがない応力の振幅値を示している. ボルトにおいて, 応力の振幅値から軸力の振幅値 F_{tamp} を求めるためには, 次式に示すように, ボルトの有効断面積 A_s を用いる.

$$F_{tamp} = \sigma_{WK} \times A_s \tag{2.5}$$

また, ボルトが疲労破壊しない変動荷重の荷重振幅 W_{amp} の簡易的な計算法として, 次式のような, 部材に加わる荷重変化とボルトの軸力変化との関係を表す係数（換算係数）を用いて疲労破壊に対する評価を行う方法がある.

$$W_{amp} \fallingdotseq F_{tamp} \div (換算係数 = 0.1\sim0.4) \tag{2.6}$$

例題 2.4 M8, 強度区分 8.8 の鋼製ボルト（並目ねじ）が疲労破壊しないための変動荷重の荷重振幅を求めよ.

解

表2.12 から, M8, 強度区分 8.8 の疲労限度は 63 MPa であることがわかる. この値にねじの有効断面積 A_s を乗じることで, 軸方向変動荷重（変動軸力）の振幅を求めることができる. よって,

M8 の有効断面積：$A_s = 36.6\,\text{mm}^2$

変動軸力の振幅：$F_{tamp} = 63 \times 36.6 = 2.3\,\text{kN}$

となる. 軸力の変化 F_{tamp} を引張り荷重の変化 W_{amp} に換算する換算式は, 式 (2.6) で与えられた. 換算係数は締結部の形状によって大きく影響されるが, ここでは, 安全側（引張り荷重が小さくなる側）に値をとり, 0.4 とする. よって,

$$W_{amp} = \frac{2.3}{0.4} = 5.8\,\text{kN}$$

となる. これより, M8, 強度区分 8.8 の鋼製並目ねじが疲労破壊しないための軸方向変動荷重の荷重振幅は, 5.8 kN であることが求められた.

2.6 ねじの力学

ねじを締め付ける際, 過剰な締め付けトルクで締めつけると, ねじの破断の原因となる. 一方, 締め付けトルクが足りないと, 緩みの原因となる. ねじの力学は, ねじに加える締め付けトルクと, それによりねじの内部に生じる力との関係を導くものであり, 適正な締め付けトルクを求めるうえで必要である. また, 導かれた式は,

ねじを送りねじ（2.8 節参照）として使用する場合の，トルクと送り方向力の関係式としても使用できる．

2.6.1 斜面の原理

ナットに与える締め付けトルクと締め付け力（ねじ軸の軸方向力）F との関係は，斜面の原理から，次のように求めることができる．

いま，図 2.21 に示すような角ねじにおいて，ねじ軸方向の力 F を受ける物体を，ナットを回すための水平接線力 Q を与えて押し上げるとする．ねじ山と物体間の摩擦係数を μ とすると，斜面にそった力の釣り合いから，次式が得られる．

$$Q \cos \beta = F \cos \beta + \mu(F \cos \beta + Q \sin \beta) \tag{2.7}$$

また，図 2.21 より，

$$\tan \rho = \frac{\mu F}{F} = \mu \tag{2.8}$$

という関係が得られることから，式 (2.7) の μ に式 (2.8) を代入して，Q について整理すると，

$$Q = \frac{\tan \rho + \tan \beta}{1 - \tan \rho \tan \beta} = \tan(\beta + \rho) \times F \tag{2.9}$$

となる．したがって，水平接線力 Q がねじの有効径 d_2 上に作用しているとすると，締め付け力 F とそれを生じさせるトルク T との関係は，$Q = T/(d_2/2)$ となり，ここに式 (2.9) を代入すると，

$$\tan(\beta + \rho) \times F = \frac{T}{d_2/2}$$

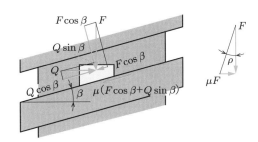

図 2.21　角ねじにおける水平接線力 Q と締め付け力 F との関係

となる．よって

$$F = \frac{T}{\tan(\beta + \rho) \times (d_2/2)} \tag{2.10}$$

となる．式 (2.10) より，リード角 β を小さくする（細目ねじとする）ことで，締め付け力を増加できることがわかる．一方，水平接線力 Q を与えて物体を降下させる場合の軸方向力は，次式となる．

$$F = \frac{T}{\tan(\rho - \beta) \times (d_2/2)} \tag{2.11}$$

2.6.2 三角ねじにおける摩擦力

　三角ねじの場合は，図 2.22 に示すように，ねじ軸方向荷重 F に対してねじ山の斜面に作用する垂直力は，ねじ山の角度を α とすると，$F/\cos(\alpha/2)$ となる．したがって，三角ねじ山斜面上の摩擦力は，

$$\frac{\mu F}{\cos(\alpha/2)} = \frac{\mu}{\cos(\alpha/2)} \times F = \mu' F \tag{2.12}$$

となる．よって，三角ねじにおける締め付け力と締め付けトルクの関係を求めるためには，式 (2.10) において，摩擦角 $\rho = \tan^{-1}\mu$ を，みかけの摩擦角 $\rho' = \tan^{-1}\mu'$ に置き換えて用いればよい．また，μ' の値は，ねじの頂角 α の値が小さいほど大きくなることから，三角ねじが台形ねじに比べ締め付け用ねじとして適していることがわかる．

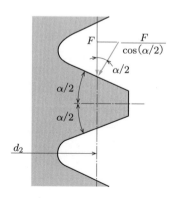

図 2.22　三角ねじに作用する力

2.6.3 ねじの締め付け力

ねじで被締結体を締め付ける際には，ねじ面の摩擦のみではなく，図 2.23 に示すように，ナットあるいはボルトの座面と被締結体との間にも摩擦が存在する．座面における摩擦力が座面の平均半径 $d_m/2$ に集中するとし，締め付け力を F，摩擦係数を μ_w とすると，座面におけるトルク T_w は，

$$T_w = \frac{\mu_w F d_m}{2} \tag{2.13}$$

となる．ここで d_m は，六角ナットの対向する 2 面の幅を $B(\fallingdotseq 1.5d)$，ボルトの穴直径を d_h とすると，

$$d_m = \frac{B + d_h}{2} \tag{2.14}$$

と与えられる．よって，実際に締め付け力 F を生じさせるために必要となるトルク T_r は，ねじ面と座面のトルクの和 $T + T_w$ として与えられ，以下のようになる．

$$T_r = T + T_w = F \left\{ \tan(\beta + \rho) \times \frac{d_2}{2} + \mu_w \frac{d_m}{2} \right\} \tag{2.15}$$

いま，ねじの呼び径を d として式 (2.15) を変形すると，

$$T_r = \left\{ \tan(\beta + \rho) \times \frac{d_2}{2d} + \mu_w \frac{d_m}{2d} \right\} Fd = KFd \tag{2.16}$$

となる．ここで，K をトルク係数とよぶ．トルク係数は，$\mu = \mu_w = 0.15$ とすると，$K = 0.2$ 程度の値が平均的であるが，接触面の表面状況，精度などによって，$0.1 \sim 0.4$ の値をとる場合もある．

一般のねじでは，締め付けトルクの 35〜40%がねじ山の摩擦トルク，50〜55%が座面の摩擦トルクに費やされる．

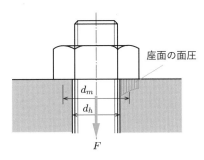

図 2.23　**座面の摩擦**

2.6.4 目安の締め付けトルク

　通常，ボルト軸には，引張り応力とねじりによるせん断応力が同時に加わる．この場合の降伏応力は，単純引張による降伏応力 σ_Y の 0.8 倍となることが知られている．しかし，実際の締め付けでは，接触面の摩擦係数や安全性を考慮し，最大締め付け応力を σ_Y の 0.7 倍に設定している．さらに，締め付け方法などのばらつきを考慮することによって，締め付け力の目安として，以下のような式が用いられている．

$$F = F_{\max} \frac{1 + 1/Q}{2} = 0.7 \sigma_Y A_s \frac{1 + 1/Q}{2} \tag{2.17}$$

ここで，Q は締め付け係数とよばれ，

$$Q = \frac{\text{締め付け力の最大値 } F_{\max}}{\text{締め付け力の最小値 } F_{\min}}$$

で与えられ，締め付け力のばらつきの程度を表す．Q の値は，締め付け方法に依存しており，ユンカー (Junker) は，その値を表 2.13 のように与えている．

表 2.13　締め付け係数 Q の値

Q	締め付け方法	表面状態		潤滑状態
		ボルト	ナット	
1.4	トルクレンチ	無処理または リン酸塩被膜	無処理または リン酸塩被膜	油潤滑
1.6	インパクトレンチ			
1.8	トルクレンチ		無処理	潤滑せず
2.0	動力ドライバ	亜鉛めっき カドニウムめっき	亜鉛めっき カドニウムめっき	油潤滑または 潤滑せず

　ねじを過大な力で締め付けると，永久変形を起こしたり破損したりする．一方，締め付け力が小さいとねじが緩み，脱落するなどして機械の不具合を起こす．したがって，ねじには，目安となる締め付けトルクが設定されている．目安の締め付けトルクは，式 (2.16) と式 (2.17) を考慮することにより，次式のように与えられる．

$$T_r = KFd = K \frac{0.7 \sigma_Y A_s (1 + 1/Q)}{2} d \tag{2.18}$$

　表 2.14 に，トルクレンチ（締め付けトルクを計測できる締め具）を用い，油潤滑した場合のねじの締め付け力の概算値を示す．この締め付け力を用いた場合，ボルト内の引張り応力は，降伏応力の 60% 程度の値となる．

表 2.14 トルクレンチ用トルクの指示目標値 T_{mean} の値 [N·m][1]

メートル並目ねじ						メートル細目ねじ					
ねじの呼び	強度区分					ねじの呼び	強度区分				
	4.6	6.8	8.8	10.9	12.9		4.6	6.8	8.8	10.9	12.9
M4	1.0	2.0	2.7	4.0	4.6	—	—	—	—	—	—
M5	2.0	4.1	5.5	8.0	9.4						
M6	3.5	6.9	9.3	13.6	15.9						
M8	8.4	16.9	22	33	39	M8×1	9.0	18.1	24	35	41
M10	16.7	33	45	65	77	M10×1.25	17.6	35	47	69	81
M12	29	58	78	114	133	M12×1.25	32	64	85	125	146
M16	72	145	193	280	330	M16×1.5	77	154	210	300	350
M20	141	280	390	550	650	M20×1.5	157	310	430	610	720
M24	240	490	670	960	1,120	M24×1.5	270	530	730	1,040	1,220
M30	480	970	1,330	1,900	2,200	M30×2	540	1,070	1,480	2,100	2,500
M36	850	1,690	2,300	3,300	3,900	M36×3	900	1,790	2,500	3,500	4,100

例題 2.5 強度区分 8.8, M8 のメートル並目ねじのボルト，ナットを，油潤滑の状態で手動トルクレンチで締め付ける．トルクレンチの目安となる締め付けトルクを求めよ．

解

表 2.13 より，油潤滑の場合のトルクレンチの Q 値を求めると，1.4 となる．式 (2.17) に代入すると，$F = 0.7\sigma_Y A_s(1+1/Q)/2 = 0.6\sigma_Y A_s$ となる．

一方，座面などの摩擦を考慮した締め付けトルク T と締め付け力 F の関係は，式 (2.18) で与えられ，一般のメートル並目ねじの平均的なトルク係数 K は 0.2 であった．よって，$T = 0.2Fd$ なる関係から，$T = 0.12\sigma_Y A_s d$ が得られる．

強度区分 8.8 の σ_Y は 640 MPa，M8 の A_s は 36.6 mm² であることから，

$$T = 0.12 \times 640 \times 10^6 \times 36.6 \times 10^{-6} \times 8 \times 10^{-3} = 22.5\,\mathrm{N·m}$$

と求められる．

2.6.5 ねじの緩み対策

ねじ締結では，種々の理由から締結力が低下し，ねじの緩みを生じる．ボルトとナットの接触面では，それらの表面にある凹凸が互いに接触しあっているが，時間が経つにつれ，この凹凸がへたってきて，締結力が低下してくる．このような現象は，締結部材とボルトあるいはナットとの間でも生じる．また，締結力の低下は，軸方向の力や軸に直角方向の力が繰り返し加わることでも生じる．このような締結力の低下に起因するねじの緩みを防止する対策として，図 2.24(a) に示すようなピン

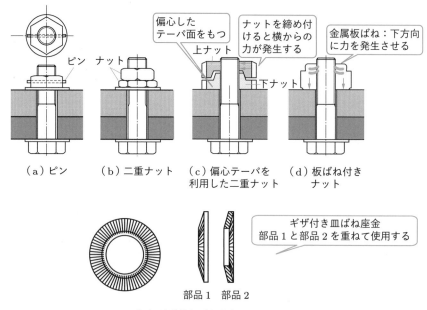

（a）ピン　　　（b）二重ナット　　（c）偏心テーパを　　（d）板ばね付き
　　　　　　　　　　　　　　　　　　　　　　利用した二重ナット　　　　ナット

部品1　部品2

（e）ギザ付きばね座金

図 2.24　ねじの緩み防止法

などを用いる従来の手法もあるが，ここでは，最近用いられることの多い手法を紹介しておく．

二重ナット：2個のナット間に軸方向力が発生するように締め付け，ねじ面間の摩擦力を利用して緩み止めを行う．通常，下側ナットに低ナットを用い，これにより，ロック力を発生させる（図2.24(b)）．スタイル1あるいは2の同じ厚さのナットを使うことでもよいが，その場合はボルトが長くなる．

偏心テーパを利用した二重ナット：互いに偏心したテーパ面をもつ上下ナットを組み合わせて締め付けることにより，大きな摩擦力を発生させる（図2.24(c)）．

板ばね付きナット：ナット内に組み込まれた板ばねでボルトのねじ面を押しつけることにより，摩擦力を発生させる（図2.24(d)）．

ギザ付きばね座金：図2.24(e)に示すようなギザギザのあるばね座金を2枚1組で使用する．ギザギザ面がラチェットの役割を果たし，緩みを防止する．

嫌気性接着剤による固定：ねじ面に接着剤を塗り締めることにより，ボルトとナットが固定される．簡便であるが，接着剤の硬化に時間がかかる．

2.7　ねじ部品選択上の考慮事項

　ねじの種類や強度について述べてきたが，ねじ部品を用いて部材や部品を締結しようとする際，次のような事項を考慮してねじ部品の選択や取り付けを行う必要がある．

ねじ部品に加わる外力の検討：ねじ部品に加わる力を見積もる．また，加わる力が時間的に変動しない力か変動する力かを判断する．

締結部の分解可能性の検討：一度ねじ部品を締め付けたあと，ほとんど取り外すことがないか，あるいはときどき取り外すかを判断する．

強度：加わる外力の大きさおよび種類を求めたあと，ボルト締結部に加わる外力に十分耐えうる強度をもつ寸法および材質の選択を行う．

耐食性：鋼を腐食させる可能性のある使用環境では，ねじ部品表面に腐食を防ぐような処理をするか，腐食に強い材料（耐食性材料：ステンレスなど）を選ぶ．

ねじの緩み防止：締結部の緩みが機械の運転上大きな支障をきたすと考えられる場合には，ねじが緩むことを防ぐために，特別な処置や緩み防止部品を必要とするかを判断する．

締結作業用空間の確保：ねじ部品を用いて部材同士を締結するためには，ねじを締める工具が必要となる．六角ボルトの場合，通常，スパナやソケットレンチなどの締め付け工具が使用されるが，この作業を行う空間を確保しておく必要がある．

ねじ頭部の扱いについての検討：ねじ部品の頭部が，締結部品の表面から出ていてよいか検討する．

入手可能なねじかの検討：JIS に規定されているねじであっても，使用頻度の低いねじは市販されていない場合があるので，注意を要する．

● 2.8 送りねじの種類

　ねじには，締結用ねじのほかに，ねじの回転運動を直線運動に変えることにより，テーブルなどを移動させる送り用ねじがある．送り用ねじには，図 2.25 に示すように，すべりねじ，ボールねじ，静圧ねじなどの種類がある．

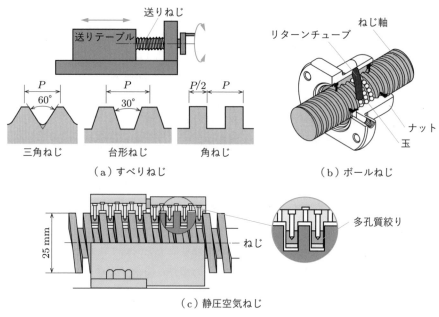

（a）すべりねじ　　（b）ボールねじ

（c）静圧空気ねじ

図 2.25　送りねじの種類

2.8.1 すべりねじ

　すべりねじは，おねじとめねじのねじ面間のすべりを利用して送り機能を発生させるねじである．製作が容易である一方，すべり接触を用いていることから，ねじ面に摩擦，摩耗を生じる．しかし，ねじ面間に摩擦力があるために，テーブルなどの駆動物体に外力が加わった場合でもその位置が変化しないという，セルフロックの役割を果たすという利点もある．

　すべりねじには，三角ねじ，台形ねじ，角ねじがある（図 2.25(a)）．

　三角ねじ：三角ねじの形状は，締結用三角ねじと同じである．三角ねじは，台形

ねじ，角ねじに比べてねじ面の摩擦は大きくなるが，小型化や高精度な加工が簡単にできるため，小型精密用ねじとして使用される．光学機器の微調整ねじや，マイクロメータなどの計測器用ねじなどに使用されている．

台形ねじ： 台形ねじは，三角ねじに比べねじ面の摩擦が小さく，かつ大きな推力が得られるため，工作機械などの送り用ねじとして広く用いられている．台形ねじのねじ山の角度は 30° であり，メートル台形ねじとして，JIS B 0216 に呼び径 8〜300 mm までのねじが規定されている．

角ねじ： 角ねじは，台形ねじに比べ高い精度の送りを達成できるが，その加工が煩雑となることから，最近では使われることが少なくなった．JIS には規定されていない．

すべりねじの場合，それをスムーズに回転させるためには，おねじとめねじの間にある程度のすきまを設ける必要がある．これをバックラッシという．おねじを反転させた場合，バックラッシが存在するために，めねじはすぐにはおねじの回転に応じた動きをしない．したがって，おねじの回転とめねじの位置を対応させたいときは，図 2.26 に示すように，ばねなどを用いてナットを一方向に押しつけるなどして，バックラッシを補正する機構をつける必要がある．

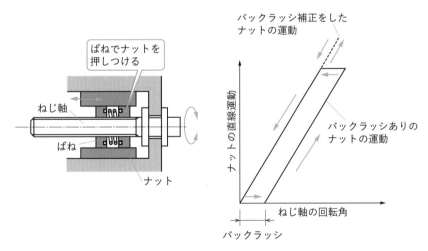

図 2.26　すべりねじにおけるバックラッシの補正値

2.8.2 すべりねじのトルクと送り方向力

すべりねじを用いて工作機械の加工テーブルなどを移動させる場合，テーブルと案内要素間のすべり摩擦やテーブルの加減速の大きさに合わせて，送りねじを駆動する電動機の動力を選定する必要がある．

ねじのトルクとそれにより生じる軸方向力については，すでに式 (2.10)，(2.11) で導かれており，次のように与えられる．

$$F = \frac{T}{\tan(\rho + \beta) \times (d_2/2)} \tag{2.10}$$

$$F = \frac{T}{\tan(\rho - \beta) \times (d_2/2)} \tag{2.11}$$

式 (2.10) は，送りねじによって移動体を押し上げる場合や，送りねじが水平に置かれ，移動体の重量が送りねじに加わらない場合に使用する．式 (2.11) は，送りねじを回転させることによって，移動体を下方に移動させる場合に使用する式である．

次に，移動体は，一般的に電動機などの動力を送りねじを介して伝えることで移動させられる．したがって，移動体を力 F，速度 v で送りねじを介して動かす場合に必要となる電動機の動力 $L = T\omega$ （トルク × 角回転数）は，式 (2.10) を用いた場合，

$$L = T \times \omega = F \tan(\beta + \rho) \times \frac{d_2}{2} \times \frac{v}{d_2/2} = Fv \tan(\beta + \rho) \tag{2.19}$$

と与えられる．

例題 2.6　加工機に用いられるテーブル（質量 500 kg）を，呼び径 36 mm，ピッチ 6 mm の台形ねじを介して送り速度 200 mm/min で移動させるとき，電動機に必要とされる動力を求めよ．ただし，テーブルとテーブルの案内要素間の摩擦係数を 0.1 とし，ねじ面の摩擦係数を 0.15 とせよ．

解

テーブルと案内要素間に生じる摩擦力 F は，次のように求められる．

$$F = 500 \times 9.8 \times 0.1 = 490 \, \text{N}$$

次に，送りねじを介した電動機の動力は，式 (2.19) から，

$$L = T\omega = Fv \tan(\beta + \rho)$$

となる．β と ρ を与えられているねじの条件から計算すると，次の値が得られる．

$$\beta = \frac{L}{\pi d_2} = \frac{6}{3.1415 \times 33} = 0.0579 \, \text{rad}$$

$$\rho = \tan^{-1} \mu = 0.14889 \, \text{rad}$$

よって, 動力 L は, 次のようになる.

$$L = Fv\tan(\beta + \rho) = 490 \times \frac{0.2}{60} \times \tan(0.0579 + 0.14889) = 0.343\,\mathrm{W}$$

2.8.3 送りねじの効率について

2.6.2 項において, 三角ねじが台形ねじに比べ締め付け用ねじとして適していることを述べたが, 送りねじとしては, 台形ねじのほうが優れた効率を示す. 送りねじの効率 η は, 軸方向力 F を受けるねじをトルク T によって 1 回転させた際の, F と T による仕事の比として表すことができる. よって, 式 (2.10), (2.12), および 1 回転による F の移動量が 1 リード分 L であることを考慮すると,

$$
\begin{aligned}
\eta &= \frac{F \text{ による仕事}}{T \text{ による仕事}} \\
&= \frac{FL}{2\pi T} = \frac{F \times \pi d_2 \tan\beta}{2\pi F \times \tan(\beta + \rho') \times (d_2/2)} \\
&= \frac{\tan\beta}{\tan(\beta + \rho')} = \frac{\cos(\alpha/2) - \mu\tan\beta}{\cos(\alpha/2) + \mu\cot\beta}
\end{aligned}
\tag{2.20}
$$

となる.

ここで, α はねじ山の角度であり, 三角ねじは $60°$, 台形ねじは $30°$ であり, 角ねじの場合は $0°$ を代入する.

例題 2.7　リード L を 5 mm, 有効径を 22 mm, ねじ面の摩擦係数を 0.15 とするとき, 三角ねじ, 台形ねじ, 角ねじの効率を求めよ.

解

式 (2.20) および $\tan\beta = L/\pi d_2 = 5/(\pi \cdot 22) = 0.072$ を用いて各ねじの効率 η を求めると,

$$
\begin{aligned}
\eta &= \frac{\cos(\alpha/2) - \mu\tan\beta}{\cos(\alpha/2) + \mu\cot\beta} = 0.290\,(\text{三角ねじ } \alpha = 60°) \\
&= 0.313\,(\text{台形ねじ } \alpha = 30°) \\
&= 0.321\,(\text{角ねじ } \alpha = 0°)
\end{aligned}
$$

となる. すべりねじ効率は, 三角ねじ < 台形ねじ < 角ねじ であり, いずれも約 30%程度であることがわかる.

2.8.4 **ボールねじ** (JIS B 1192：2018)

　ボールねじは,「ねじ軸およびナットがボールを介して作動する機械部品」と定義されている. 図2.25(b) に示すように, ねじ軸（おねじ）とナット（めねじ）の間に球を介在させることにより, 転がり摩擦を用いて送りねじを構成したものであり, すべり軸受に比べ, 低摩擦で高速の送りが可能である. 図にみられるように, 鋼球は, ねじ軸の回転とともに, ナット内に設けられたリターンチューブを通って循環するようになっている. このため, 鋼球とねじ軸面, ナット面の間には, 多少のすべりは存在するものの, 回転する際の抵抗として, ほとんど転がり摩擦のみがはたらく.

(1) ボールねじの特徴

　図2.27 に, ボールねじを工作機械のテーブル駆動に使用した例を示す. ボールねじでは, ねじ軸を支持するための軸受にも鋼球を用いた転がり軸受が使われる. したがって, ボールねじは次のような長所をもっている.

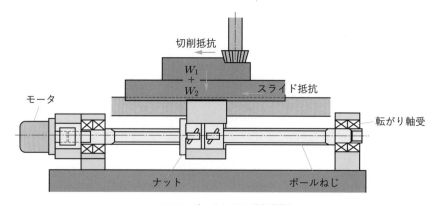

図 2.27　**ボールねじの使用例**[2]

- ボールねじの摩擦係数は, 0.002～0.004 で大変小さく, 駆動トルクやトルク変動も大変小さい. したがって, テーブルなどの精密な位置決めが可能である
- 転がり接触を利用していることから, 静・動摩擦係数の差が小さい. このため, 静・動摩擦係数の差が大きい場合に生じるテーブルなどの送り方向の振動的な動き（スティックスリップ）を生じない
- ナットとねじ軸間に入る鋼球を押しつぶすような力（予圧とよぶ）を少し加えることにより, ガタをなくすことができる. したがって, すべりねじのような

バックラッシ補正を必要としない
- JIS により規格化されているので，設計者は，設計仕様に合うボールねじを選定するのみでよい

ボールねじは，上記のような長所をもつ反面，下記のような短所をもつことを知っておく必要がある．

- 衝撃に弱く，振動減衰性が低い
- ほこりなどが鋼球とねじ面間に混入した場合には，ねじ面などが損傷を受けやすい．したがって，ボールねじ内に異物が混入しないように注意する必要がある
- 摩擦係数が小さいために，セルフロック機能が小さいので，テーブルに力が加わった場合などの逆転防止のために，ブレーキやクラッチなどの補助機構を必要とする
- ねじ軸が高速に回転する場合には，騒音，発熱が大きくなる

(2) ボールねじの規格

ボールねじには，位置決め用ボールねじと搬送用ボールねじがある．これらのねじは，ねじ軸を回転させた場合のナットの運動精度や各部の寸法精度によって精度等級が JIS B 1192-3 に規定されている．

位置決め用ボールねじ：2種類の系列が規定されており，従来の JIS 規定にならった C0, C1, C3, C5 級と，ISO の規定にならった Cp0, Cp1, Cp3, Cp5 級がある．

搬送用ボールねじ：搬送用なので，位置決め用ボールねじに比べて誤差の範囲を規定されている箇所が少ない．Ct0, Ct1, Ct3, Ct5, Ct7, Ct10 級の 6 段階が規定されている．

いずれのボールねじも，精度等級の数の小さいほうが精度がよい．なお，現行の JIS よりも従来の JIS のほうが基準が厳しいので，日本のメーカは，従来の JIS にならった精度のボールねじを市販している．

(3) ボールねじの取り付け方

ボールねじの取り付けは，ねじ軸に加わる荷重による軸の座屈や軸の危険速度（3.4.3 項参照）を考慮して行われ，その設計手順については，メーカカタログなどに明記されている．図 2.28 に，代表的なボールねじの取り付け方を示す．図にみら

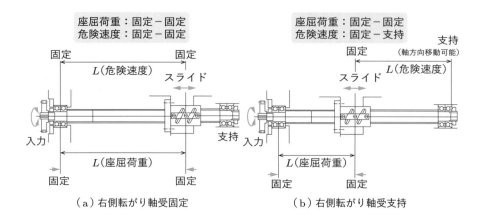

（a）右側転がり軸受固定　　　　　　　　　（b）右側転がり軸受支持

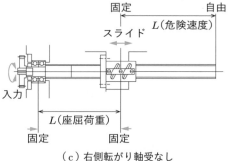

（c）右側転がり軸受なし

図 2.28　ボールねじの取り付け法[2]

れるように、ボールねじは転がり軸受によって支持され、(a) ねじ軸の両端をともに固定する方式、(b) 片側を軸方向に移動可能とした方式、(c) 片側のみ軸受で支持する方式がある。これらの図では、座屈はナットと左側の軸受の間で生じ、危険速度は L（危険速度）によって示される区間で生じることを表している。固定 → 支持 → 自由の順に、ねじ軸の曲げ剛性が低下する。ねじ軸の支持に使用する転がり軸受についてはカタログ中に指示されているので、設計者はそれに従って転がり軸受の取り付けハウジングを準備すればよい。ただし、取り付けハウジングの設計は設計者に任されるので、十分な剛性をもつように配慮する必要がある。

練習問題

2.1 次のねじの基本用語について説明せよ.

ねじのリード, リード角, ねじれ角, ピッチ, 一条ねじ, 多条ねじ, 右ねじ, 左ねじ

2.2 ねじ山の種類について説明せよ.

2.3 M10 並目ねじの谷径, 有効径, ねじれ角を求めよ.

2.4 台形メートルねじ（外径 20 mm, ピッチ 5 mm）の有効径と谷径を求めよ.

2.5 ボルトの保証荷重およびナットの保証荷重について, その定義を述べよ.

2.6 強度区分 8.8 の M8 並目および細目鋼製ボルトの保証荷重を求めよ.

2.7 角ねじにおけるねじの締め付けトルクと締め付け力の関係を求めよ.

2.8 三角ねじのみかけ上の摩擦係数を求めよ.

2.9 ねじの座面の摩擦を考慮した場合の締め付けトルクを求めよ.

2.10 図 2.29 のように, 30° 台形メートルねじ（呼び径 40 mm, ピッチ 7 mm）を用いたジャッキで, 質量 500 kg の物体を, 減速比 3（出力軸の回転数が入力軸の回転数の 1/3 になるが, 入力軸の動力と出力軸の動力は同じである）の減速器を介してモータで持ち上げる. ねじ各部の摩擦係数を 0.15 とするとき, 以下の (1)〜(3) の問いに答えよ.

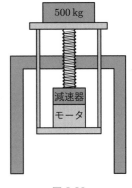

図 2.29

   (1) 台形ねじの有効径を求めよ.

   (2) 500 kg の物体を等速で上昇させるとき, および下降させるとき必要となるトルクをそれぞれ求めよ.

   (3) モータの回転数を 300 min^{-1} で一定とし物体を上昇させるとき, モータに必要とされる動力および物体の上昇速度 [mm/s] を求めよ.

2.11 M10, 強度区分 8.8 の鋼製並目ボルトを, 潤滑しない状態でトルクレンチで締め付けるとき, 以下の (1), (2) の問いに答えよ.

   (1) ねじの有効断面積を求めよ.

   (2) 目安となる締め付けトルクを求めよ. なお, 平均的なトルク係数を 0.2 とする.

2.12 強度区分 8.8, M8 の六角ボルトと強度区分 8, スタイル 1 のナットを用いて締結を行うとき, ねじ山が破断する軸力 F を求めよ. ただし, ねじ山の許容せん断応力を単純引張り強さの 0.6 倍とする.

軸系要素

　機械は，その目的とする仕事を果たすために，普通，モータなどの動力源（原動機）をもっている．図 3.1 に示すように，軸は，このような原動機からの動力を機械内に伝達することを主目的とした回転する棒状の部材をいう．また，軸継手は，原動機と軸などをつなぐための機械要素をいう．

　軸や軸継手は，ほとんどの機械に組み込まれる基本的な機械要素であるので，設計者は，その設計方法を十分身につけておく必要がある．

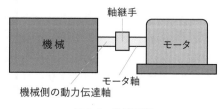

図 3.1　軸系要素

3.1　軸の種類

軸にはいろいろな形状や役割があるが，軸を用途別に分類すると，次のようになる．

伝動軸：回転により動力を伝えることを主目的とする軸を，伝動軸という．自動車のエンジンの動力をタイヤへ伝達するための軸（プロペラシャフト）や，図 3.2(a) に示すようなモータの出力軸などがこれにあたる．

車軸：ものを支持することを目的としており，回転しても動力を伝達することを目的としないような軸を車軸という．列車の車体を支持する軸（図 3.2(b)）がこれにあたる．

スピンドル：動力を伝えながら回転し，種々の作業を行うための軸をスピンドル

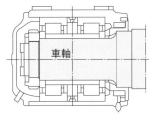

（a）モータ軸（伝動軸）

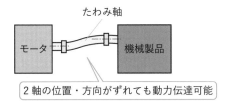

（c）工作機械用スピンドル

（b）列車の車軸

（d）たわみ軸

図 3.2　軸の種類

という（図 3.2(c) 参照）．実際の作業を行うので，それに応じた強度や精度を必要とする．たとえば，工作機械の加工用軸，計測器の測定用軸，ハードディスクの回転軸などがこれにあたる．

たわみ軸：伝動軸にたわみ性をもたせることにより，動力の伝達方向を変化させるための軸をいう（図 3.2(d) 参照）．比較的小さな動力を伝達する軸である．

3.2 軸の標準寸法と規格 (JIS B 0901：1977)

軸の直径は，軸が伝達する動力の大きさや軸に許される変形量によって，設計者が適宜決定しなければならない．しかし，動力を伝達する軸には，軸を支持するための軸受や，原動機とつなぐ軸継手などの付属部品を取り付ける必要がある．そのため，軸寸法は，ある程度標準とすべき寸法が JIS に規定されている．設計者は，軸の標準寸法から値を選択することによって，このような付属部品を標準品の中から選ぶことができるようになる．JIS には，4～630 mm までの軸の標準寸法が規定されている．表 3.1 にその一例を示す．

表 3.1　軸径の規格 (JIS B 0901 : 1977)

軸径 [mm]	(参考) 軸径数値のより所 標準数 R5	R10	R20	円筒軸端	転がり軸受	軸径 [mm]	(参考) 軸径数値のより所 標準数 R5	R10	R20	円筒軸端	転がり軸受	軸径 [mm]	(参考) 軸径数値のより所 標準数 R5	R10	R20	円筒軸端	転がり軸受
4	○	○	○		○	10	○	○	○	○	○	40	○	○	○	○	○
						11				○		42				○	
						11.2			○								
4.5			○									45			○	○	○
						12				○	○						
						12.5		○	○			48				○	
5		○	○		○							50		○	○	○	○
												55				○	○
5.6			○			14			○	○		56			○	○	
						15					○						
6				○	○	16		○	○	○		60				○	○
						17					○						
6.3	○	○	○			18			○	○		63	○	○	○	○	○
						19				○							
						20		○	○	○	○						
						22				○	○	65			○	○	○
7				○	○	22.4			○			70				○	○
7.1			○									71			○	○	
						24				○		75				○	○
8		○	○	○	○	25	○	○	○	○	○	80		○	○	○	○
												85				○	○
9			○	○	○	28			○	○	○	90			○	○	○
						30				○	○	95				○	○
						31.5		○	○								
						32				○	○						
						35				○	○						
						35.5			○								
						38				○							

　表中に使われている R5, R10, R20 などの記号は，標準数とよばれる等比数列を表している．

　たとえば，R10 の数列は，公比 r が $\sqrt[10]{10}$ である数列を示しており，

$$r^0 = 1.00, \quad r^1 = 1.26, \quad r^2 = 1.58, \quad r^3 = 2.00, \quad \cdots, \quad r^9 = 7.94,$$

$$r^{10} = r^{(0+10)} = r^0 \times r^{10} = 1 \times 10.0 = 10.0,$$

$$r^{11} = r^1 \times r^{10} = 1.26 \times 10.0 = 12.6, \quad \cdots, \quad r^{19} = 79.4 \cdots$$

という数列になる．よって r^{10}〜r^{19} の値は，r^0〜r^9 の 10 倍の値になるだけであり，簡単に記憶できる．標準数は，数値が小さいと刻み幅も小さく，大きくなると刻み幅も大きくなる．

また，設計において標準数を用いることで，選択する寸法の種数を減らすことができ，製品や部品の標準化が可能となる．なお，標準数には，標準数同士の積や商が標準数になるという特徴がある．

3.3　軸の材料

軸は動力を伝達したり，ものを支持したりする役割をもつので，軸材料には強さが必要とされ，一般には，炭素鋼や合金鋼が用いられる．また，軸表面に硬度（硬さ）を必要とする場合や，軸表面の摩擦，摩耗を防止する場合には，焼入れや表面硬化処理などの熱処理を行うのが一般的である．HDD 用スピンドル軸などの精密小径軸には，ステンレス鋼（SUS 420 J 2，SUS 304 など）が使用される場合が多い．表 3.2 に，軸材料の種類と降伏点，引張り強さを示す．また，軸材を選ぶ場合の目安を以下に示す．

加工性とコスト：加工性とコストに優れた材料として，一般構造用圧延鋼材やみがき棒鋼材，S 10 C〜S 30 C の構造用炭素鋼材が多用される．みがき棒鋼は SGD ○○○-D と表示されるが，最後の記号 D は，冷間（常温）で加工されたことを示している．

高荷重，高速回転使用：大きな荷重を支える場合や，軸が高速で回転するような場合は，S 40 C〜S 50 C および合金鋼の熱間圧延材（高温で鋼を圧延した材料）が多用される．通常，加工を施したあと，熱処理をして使用する．熱処理とは，鋼材を高温から急激に冷やしたうえ，ひずみを取り除いたり（焼入れ・焼戻し），軸表面の炭素量や窒素量を増す（侵炭，窒化）など，鋼の引張り強度や硬度を増すための処理をいう．

耐摩耗性，疲労限度の向上：S 45 C，SCr 430〜440，SCM 430〜440 などを高周波焼入れ（高周波を利用した軸の表面のみ焼入れ処理）して使用することが多い．

なお，鋼の場合，種々の金属元素を混入し，合金鋼とすることで引張り強さを高

表 3.2　軸に使用されるおもな材料

材料の名称		種類記号	Cの含有量 [%]	降伏点または耐力 [MPa]	引張り強さ [MPa]	JIS
一般構造用圧延鋼		SS 400	…	175～205	400～510	G 3101
みがき棒鋼		SGD 400-D	…	215～245	400～510	G 3123
機械構造用炭素鋼		S 10 C～S 25 C	0.08～0.28	205～265	310～440	G 4051
		S 30 C～S 40 C	0.27～0.43	335～440	540～610	
		S 45 C～S 55 C	0.42～0.58	490～590	610～780	
合金鋼	ニッケルクロム モリブデン鋼	SNCM 200 ～ SNCM 447	0.17～0.23 ～ 0.44～0.50	785(SNCM 240) ～ 930	830 ～ 1030	G 4103
	クロム鋼	SCr 415 ～ SCr 445	0.13～0.18 ～ 0.43～0.48	635 （SCr 430) ～ 835	780 ～ 980	G 4104
	クロム モリブデン鋼	SCM 415 ～ SCM 445	0.13～0.18 ～ 0.43～0.48	685 ～ 885	830 ～ 1030	G 4105
ステンレス鋼	オーステナイト系	SUS 304 SUS 316	0.03～ 0.08以下	205以上	480～ 550	G 4303
	マルテンサイト系	SUS 410 SUS 420 J 2	0.15以下 0.26～0.4	345 540	540 740	

めることができるが，合金鋼においては，縦弾性係数や横弾性係数は一般構造用鋼とほとんど変化しない．したがって，軸の変形量のみが問題となるような場合には，とくに合金鋼を使用する必要はない．

3.4　軸の設計

　軸は，ねじなどのように規格化されているものが市販されているわけではない．したがって，設計者は，軸に加わる力や軸に求められる性能を考慮して，軸形状や材質を選定しなければならない．軸には，動力を伝達したり荷重を支持したりするために，種々の力が加わる．軸に加わる力の例を，図 3.3 に示す．

ねじりモーメント（回転トルク）：軸の回転方向に加わる力であり，軸にねじり変形を生じさせる．

曲げモーメント：軸線に直角方向に加わる力であり，軸に曲げ変形を生じさせる．

軸力：軸方向に加わる力であり，軸の伸び，あるいは縮み変形を生じさせる．

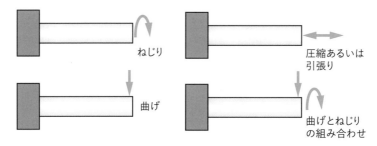

図 3.3　**軸に加わる力の種類**

組み合わせ力：実際の軸には，ねじりモーメントのみ，曲げモーメントのみが加わる場合は少なく，これらを組み合わせた力が作用する場合が普通である．この場合の変形は，各方向の力に見合った変形が各方向に生じる．

軸の設計に際しては，これらの力を考慮して，軸が破損しないように，あるいは軸の変形量が一定の値以下になるように軸直径などを計算し，各部寸法を決定する．以下に，これらの力が加わる軸の寸法の求め方を述べる．

3.4.1 軸の許容応力による軸直径決定法

一般モータ軸などのように，多少の変形を許しても破損にいたらなければよい場合には，軸の寸法は，軸材料の許容曲げ応力や許容ねじり応力から決定される．これらの許容応力は，これ以下の応力が軸に加わっている場合には，軸が破損するおそれがないという目安の応力であり，一般的に次式で定義される．

$$許容応力 = \frac{基準強さ}{安全率} \tag{3.1}$$

基準強さとしては，静荷重に対しては降伏応力や耐力，引張り強さ，動荷重に対しては疲労限度が使用される．鋼材の許容応力については，表 1.5 に示したとおりである．

● ねじりモーメント T [N·m] を受ける軸の直径 d [m] を求める式

$$d^3 = \frac{16T}{\pi \tau_a (1 - k^4)} \tag{3.2}$$

ここで，τ_a は許容ねじり応力，$k = d_i/d$，d_i は中空軸（断面が管状になっている軸）の場合の穴直径である．

● 動力 L [W] と回転数 n [min^{-1}] からトルク T [N·m] を求める式

$$T = \frac{L}{\omega} = L \times \frac{60}{2\pi n} \tag{3.3}$$

● 曲げモーメント M [N·m] を受ける軸の直径 d [m] を求める式

$$d^3 = \frac{32M}{\pi\sigma_a(1 - k^4)} \tag{3.4}$$

ここで，σ_a は許容曲げ応力である．

● ねじりモーメント T [N·m] と曲げモーメント M [N·m] をともに受ける軸の直径 d [m] を求める式

この場合には，ねじりモーメントと曲げモーメントが互いに影響し合うため，相当ねじりモーメント T_e [N·m] と相当曲げモーメント M_e [N·m] を求め，その値を用いて，それぞれのモーメントに対応する軸直径 d_T [m]，d_M [m] を求める．その後 d_T と d_M を比較し，大きい寸法のほうを軸直径 d [m] として選定する．

$$T_e = \{(k_m M)^2 + (k_t T)^2\}^{1/2} \tag{3.5}$$

$$M_e = 0.5 \times (k_m M + T_e) \tag{3.6}$$

$$d_T^3 = \frac{16T_e}{\pi\tau_a(1 - k^4)}, \quad d_M^3 = \frac{32M_e}{\pi\sigma_a(1 - k^4)} \tag{3.7}$$

ここで，k_m, k_t は，軸に加わる荷重の種類による動的効果を表す係数であり，回転軸と静止軸に対して，表 3.3 のように与えられる．

表 3.3 ねじりモーメントおよび曲げモーメントに対する安全係数 k_t，k_m

荷重の種類	回転軸		静止軸	
	ねじり k_t	曲げ k_m	ねじり k_t	曲げ k_m
静荷重またはごく緩徐な変動荷重	1.0	1.5	1.0	1.0
変動荷重，軽い衝撃荷重	1.0〜1.5	1.5〜2.0	1.5〜2.0	1.5〜2.0
激しい衝撃荷重	1.5〜3.0	2.0〜3.0		

例題 3.1　回転数 1400 min^{-1} で 10 kW の動力を伝達できる中実丸軸を SS 400 を用いて設計するとき，その直径 d を求めよ．なお，この軸はねじりモーメントのみを受けるものとする．

解

表 1.5 から，中実丸軸に動荷重が加わると仮定して，軸材料 SS 400（軟鋼）の許容ねじり応力 τ_a を 40 MPa とする．

式 (3.3) を用いて，動力からトルクを求める．

$$T = L \times \frac{60}{2\pi n} = 10000 \times \frac{60}{2 \times 3.14 \times 1400} = 68\,\text{N·m}$$

式 (3.2) にトルクの値を代入して，軸直径 d を求めると，

$$d = \sqrt[3]{\frac{16T}{\pi \tau_a}} = \sqrt[3]{\frac{16 \times 68}{\pi \times 40 \times 10^6}} = 0.0205\,\text{m}$$

となる．よって，表 3.1 の標準軸寸法から $d > 20.5\,\text{mm}$ となる軸径を探し，$d = 22\,\text{mm}$ を用いることとする．

例題 3.2　　長さ $l = 200\,\text{mm}$ の軸の中央部に，ベルトから軸に動力を伝達するための円板（プーリとよぶ）を取り付け，ベルトで軸に 2 kW の動力を伝達する．軸の回転数を 1400 min^{-1}，軸材を SS 400 の中実丸軸とするとき，その直径 d を求めよ．なお，軸はその両端を単純支持されており，プーリにより軸の垂直方向に加わる力 F を 500 N，$k_t = 1.5$，$k_m = 2.0$ とする．

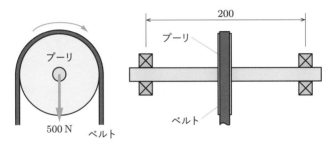

図 3.4

解

軸に加わるトルクは，動力と回転数から，

$$T = \frac{L}{\omega} = 2000 \times \frac{60}{2 \times 3.1415 \times 1400} = 13.6\,\text{N·m}$$

となる．また，曲げモーメントは，

$$M = \frac{F}{2} \times \frac{l}{2} = \frac{500}{2} \times \frac{0.2}{2} = 25\,\text{N·m}$$

となる．よって，これらの値を式 (3.5)，(3.6) に代入し，T_e，M_e を求めると，次のようになる．

$$T_e = \{(k_m M)^2 + (k_t T)^2\}^{1/2} = \{(2.0 \times 25)^2 + (1.5 \times 13.6)^2\}^{1/2} = 54.0\,\text{N·m}$$

$$M_e = 0.5 \times (k_m M + T_e) = 0.5 \times (2.0 \times 25 + 54.0) = 52.0\,\text{N·m}$$

σ_a，τ_a の値は，表 1.5 を参考として $\sigma_a = 60\,\text{MPa}$，$\tau_a = 40\,\text{MPa}$ とすると，

$$d_T^3 = \frac{16T_e}{\pi \tau_a} = \frac{16 \times 54.0}{3.1415 \times 40 \times 10^6} = 6.88 \times 10^{-6}\,\text{m}^3 \qquad \therefore d_T = 19.0\,\text{mm}$$

$$d_M^3 = \frac{32M_e}{\pi \sigma_a} = \frac{32 \times 52.0}{3.1415 \times 60 \times 10^6} = 8.83 \times 10^{-6}\,\text{m}^3 \qquad \therefore d_M = 20.7\,\text{mm}$$

となり，ねじりモーメントおよび曲げモーメントに対する軸径が得られる．大きい軸径をもとに，表 3.1 より軸径 22 mm を採用する．ただし，軸径は軸の支持要素（軸受）によっても変化させる必要がある．

3.4.2 変形量による軸直径決定法

軸に荷重が加わった場合，ある一定以上の変形をすると，軸が周辺部と接触したり，振動的な回転となったりする場合がある．そのような場合には，軸が一定以上の変形をしないように軸寸法を決定しなければならない．

● ねじりモーメント T [N·m] による変形を受ける長さ l [m] の軸の直径 d [m] を求める式

　　ねじりモーメントを受ける軸のねじり角を θ [rad] とすると，軸直径 d [m] との関係は，下記の式で与えられる．

$$d^4 = \frac{32T}{\pi G(1 - k^4)} \times \frac{l}{\theta} \tag{3.8}$$

ここで，G は横弾性係数であり，鋼の場合，79 GPa で与えられる．$k = d_i/d$，d_i は中空軸の場合の穴直径である．

　　また，式 (3.8) においては，加わる荷重の状況によって，1 m あたりのねじれ角の許容値 θ [rad] が定められている．変動荷重を受ける一般の軸については，1 m あたりのねじれ角が $0.25° = 4.363 \times 10^{-3}$ rad 以下となっている．

例題 3.3　　鋼製の中実軸が回転数 1400 min^{-1} で 10 kW の動力を伝達するとき，軸が変動荷重を受けるとして，それを満足する軸直径を求めよ．

解

　　式 (3.3) を用いてトルク T を求める．

$$T = L \times \frac{60}{2\pi n} = 10000 \times \frac{60}{2\pi \times 1400} = 68\,\text{N·m}$$

よって，式 (3.8) から軸直径を求めると，

$$d^4 = \frac{32T}{\pi G} \times \frac{l}{\theta} = \frac{32 \times 68}{3.14 \times 79 \times 10^9} \times \frac{1}{4.363 \times 10^{-3}}$$

$$= 2.01 \times 10^{-6}\,\text{m}^4 \quad \therefore d = 0.0377\,\text{m}$$

となる．したがって，表 3.1 より，38 mm を選択する．

● 曲げモーメントによる変形を受ける長さ l [m] の軸の直径 d [m] を求める式

(ⅰ) 軸受間距離 l [m] の中心に加わる荷重 W [N] による変形を受ける軸の直径 d [m] を求める式

　　軸の両端が単純支持されているとすると，軸直径 d [m] と軸中央部のたわみ量 δ [m] の関係は，次のように与えられる．

$$d^4 = \frac{64Wl^2}{48\pi E(1 - k^4)} \times \frac{l}{\delta} \tag{3.9}$$

ここで，E は縦弾性係数であり，鋼では $206\,\mathrm{GPa}$ で与えられる．

(ii) 軸受間距離 $l\,[\mathrm{m}]$ で軸の両端を単純支持した場合，分布荷重 $w\,[\mathrm{N}]$ による変形を受ける軸の直径 $d\,[\mathrm{m}]$ を求める式

$$d^4 = \frac{5w}{6\pi E(1 - k^4)} \times \frac{l}{\delta} \tag{3.10}$$

軸中央部のたわみ量 $\delta\,[\mathrm{m}]$ については，軸に加わる荷重の状況によって $1\,\mathrm{m}$ あたりのたわみ量の許容値が定められている．一般の動力伝達軸において，中央集中荷重を受ける場合では，$1\,\mathrm{m}$ あたりのたわみの許容量は $0.33\,\mathrm{mm}$ 以下であり，等分布荷重を受ける軸のたわみの許容量は $0.3\,\mathrm{mm}$ 以下となっている．

例題 3.4　給水ポンプ用の鋼鉄製中実丸軸がある．軸受間距離が $800\,\mathrm{mm}$ で，その中央に質量 $25\,\mathrm{kg}$ の両吸込羽根車が設けられている．軸のたわみを $1\,\mathrm{m}$ あたり $0.1\,\mathrm{mm}$ 以内で使用するとき，軸径を求めよ．

解

式 (3.9) より，

$$d^4 = \frac{64Wl^2}{48\pi E(1 - k^4)} \times \frac{l}{\delta} = \frac{64 \times 25 \times 9.8 \times 0.8^2}{48 \times 3.1415 \times 206 \times 10^9} \times \frac{1}{1 \times 10^{-4}}$$

$$= 3.23 \times 10^{-6}\,\mathrm{m}^4 \quad \therefore d = 42.4\,\mathrm{mm}$$

となる．よって，表 3.1 より $45\,\mathrm{mm}$ とする．

3.4.3 危険速度の算出

タービンの軸や工作機械の軸など，高速で回転する軸の場合，1 次の曲げの共振周波数を超えて運転しなければならない場合がある．共振周波数近傍で軸を回転させると，軸の振れまわりが大きくなり，軸が周辺の壁に触れたり，軸自身が曲がってしまったり，機械を損傷したりするおそれがある．この速度を危険速度という．したがって，軸を高速で回転させる場合には，危険速度についての検討が必要であり，危険速度の上下 20% 以内での運転を避けなければならない．軸材を鋼とした場合，図 3.5 に示すような条件における危険速度の計算式は，次のようになる．

- 質量 $m_1\,[\mathrm{kg}]$ の円筒軸の危険速度 $\omega_{c1}\,[\mathrm{rad/s}]$ の計算式（図 3.5(a)）

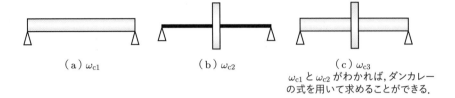

（a）ω_{c1} 　　　　　　（b）ω_{c2} 　　　　　　（c）ω_{c3}

ω_{c1} と ω_{c2} がわかれば，ダンカレー
の式を用いて求めることができる．

図 3.5　危険速度と軸形状

$$\omega_{c1}^2 = \frac{97.4EI}{m_1 l^3} = \frac{97.4\pi E d^4}{64 m_1 l^3} \quad [(\text{rad/s})^2] \tag{3.11}$$

ここで，l は軸受間距離 [m]，E は鋼の縦弾性係数で 206 MPa，I は断面二次モーメントである．軸の直径を d とすると，$I = \pi d^4/64$ で与えられる．

● 軸の質量に比較してかなり大きい質量 m_2 の円板が軸の中央に取り付けられた場合の危険速度 ω_{c2} [rad/s] の計算式（図 3.5(b)）

$$\omega_{c2}^2 = \frac{48EI}{m_2 l^3} = \frac{48\pi E d^4}{64 m_2 l^3} \quad [(\text{rad/s})^2] \tag{3.12}$$

● 質量 m_1 [kg] の円筒軸の中央に質量 m_2 [kg] の円板が取り付けられた場合の危険速度 ω_{c0} [rad/s] の計算式（図 3.5(c)）

この場合，ダンカレーの実験式を用いて求めることができる．ダンカレーの実験式では，図 3.5(c) に示すような形状の軸の危険速度は，式 (3.13) に与えられる式によって，図 3.5(a)，(b) に示す軸の危険速度から求めることができる．

$$\frac{1}{\omega_{c0}^2} = \frac{1}{\omega_{c1}^2} + \frac{1}{\omega_{c2}^2} \tag{3.13}$$

なお，表 3.4 に軸の支持方法，負荷の種類による危険速度の計算式を示す．

例題 3.5　長さ $l = 200$ mm，直径 $d_0 = 18$ mm の鋼製中実丸軸の両端が単純支持され，その中央部に幅 $w = 20$ mm，直径 $d_1 = 100$ mm の鋼製円板が取り付けられている．この軸の危険速度を求めよ．なお，鋼の密度 $\rho = 7800$ kg/m^3 とする．

解

中実丸棒の質量 m_1 は，

$$m_1 = \frac{\pi d_0^2}{4} \times \rho l = \frac{3.1415 \times (0.018)^2}{4} \times 7800 \times 0.2 = 0.4\,\text{kg}$$

であり，中央部に取り付けられた円板の質量 m_2 は，次のようになる．

$$m_2 = \frac{\pi d_1^2}{4} \times \rho w = \frac{3.1415 \times (0.1)^2}{4} \times 7800 \times 0.02 = 1.2\,\text{kg}$$

よって，式 (3.11)，(3.12) より，危険速度 ω_{c1}，ω_{c2} は次のように計算される．

$$\omega_{c1}^2 = \frac{97.4\pi E d_0^4}{64 m_1 l^3} = \frac{97.4 \times 3.1415 \times 206 \times 10^9 \times (0.018)^4}{64 \times 0.4 \times (0.2)^3}$$

$$= 32.3 \times 10^6 \,(\text{rad/s})^2 \qquad \therefore \omega_{c1} = 5683 \,\text{rad/s}$$

$$\omega_{c2}^2 = \frac{48\pi E d_0^4}{64 m_2 l^3} = \frac{48 \times 3.1415 \times 206 \times 10^9 \times (0.018)^4}{64 \times 1.2 \times (0.2)^3}$$

$$= 5.31 \times 10^6 \,(\text{rad/s})^2 \qquad \therefore \omega_{c2} = 2304 \,\text{rad/s}$$

したがって，式 (3.13) より危険速度 ω_{c0} を求めると，次のようになる．

$$\frac{1}{\omega_{c0}^2} = \frac{1}{\omega_{c1}^2} + \frac{1}{\omega_{c2}^2} = \frac{1}{32.2 \times 10^6} + \frac{1}{5.31 \times 10^6} \qquad \therefore \omega_{c0} = 2135 \,\text{rad/s}$$

表 3.4　軸の危険速度

種　別	危険速度	種　別	危険速度
（a）	$\omega_c = \sqrt{\dfrac{97.4EI}{ml^3}}$	（e）	$\omega_c = \sqrt{\dfrac{3EIl}{ml_1^2 l_2^2}}$
（b）	$\omega_c = \sqrt{\dfrac{501EI}{ml^3}}$	（f）	$\omega_c = \sqrt{\dfrac{3EIl^3}{ml_1^3 l_2^3}}$
（c）	$\omega_c = \sqrt{\dfrac{238EI}{ml^3}}$	（g）	$\omega_c = \sqrt{\dfrac{3EI}{ml^3}}$
（d）	$\omega_c = \sqrt{\dfrac{12.4EI}{ml^3}}$	（h）	$\omega_c = \sqrt{\dfrac{6EI}{ml^3(3l - 4l_1)}}$

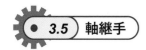

3.5 軸継手

3.5.1 軸継手の種類

回転軸を原動機の軸と接続し，動力を伝達する場合には，軸継手が使われる．軸継手を用いて二軸をつなぐ場合，二軸の位置関係には図3.6に示すような誤差が考えられる．なお，軸の中心をつないだ線を軸心という．

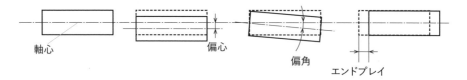

図3.6 軸継手の連結において生じる誤差の種類

偏心：二軸の軸心は平行に保たれているが，一直線上にない場合．

偏角：二軸の軸心が平行でなく，角度をもって交わる場合．

エンドプレイ：二軸の軸心の平行および交差角はゼロに保たれているが，軸方向の取り付け位置にずれがある場合．

以上のような誤差は常に存在すると考えるのが普通であり，軸継手には，このよう

表3.5 軸継手の種類

2軸の位置関係	軸継手の分類		形　式
2軸が同一線上にあるもの	固定軸継手		フランジ形固定軸継手（JIS B 1451） 筒形軸継手
2軸がほぼ同一線上にあるもの	たわみ軸継手	補正型	歯車形軸継手（JIS B 1453） ローラチェーン軸継手（JIS B 1456）
		弾性型	フランジ形たわみ軸継手 （JIS B 1452） ゴム軸継手（JIS B 1455） 金属ばね軸継手
2軸が平行で偏心しているもの			オルダム軸継手
2軸がある角度で交わるもの	不等速形		こま形自在軸継手（JIS B 1454） フックの自在軸継手
	等速形		バーフィールド形自在軸継手など

な誤差が多少存在しても，動力を問題なく伝達できることが要求される．また，このような軸心間のずれを軸継手によって補正することで，回転軸に加わる曲げモーメントや繰り返し荷重を低下させることができる．軸継手の種類を，つなぎ合わせる二軸の位置関係をもとに分類すると，表 3.5 のようになる．

固定軸継手（図 3.7(a)）：この種の軸継手として代表的なものに，フランジ形固定軸継手がある．固定軸継手は，二軸をねじやピンを用いて完全に固定して一体化する．したがって，回転のずれがなく，確実に動力および運動を伝達できる．おもに低速用として使用されるが，二軸の軸心あわせをある程度正確に行う必要がある．

たわみ軸継手（図 3.7(b),(c)）：たわみ軸継手には，すきまやすべりで接触部の変形を可能とした補正型軸継手と，軸継手の中にゴムなどの弾性体を介在させた弾性型軸継手がある．たわみ軸継手は，わずかな軸心のずれや振動・衝撃，軸の熱的変形を吸収できる．

自在軸継手（図 3.7(d)）：二軸が交差していたり，軸心間の狂いが大きい場合に使用される．一定の回転を駆動軸に入力した場合，従動軸の回転が一回転あたりで変動する継手（不等速軸継手）と，等速となる継手（等速軸継手：自動車の駆動に使用されている）がある．

オルダム軸継手（図 3.7(e)）：二軸が平行であるが，軸心がずれている場合に使用される．

運動伝達用たわみ軸継手（図 3.7(f)，(g)）：OA 機器などでは，動力の伝達というよりは，むしろ正確な運動伝達を必要とする場合が多い．そのような用途に使用される軸継手には，高速回転が可能で，かつ高い精度と剛性が要求される．

軸継手は設計者自身が設計することは少なく，専門メーカが製作する軸継手のカタログの中から，設計仕様に合致するものを選定することが多い．その際には，以下のような項目について考慮する必要がある．

- 伝達トルクの大きさと使用回転数
- 軸継手に接続する軸の寸法
- 軸継手に加わる荷重（一定荷重，変動荷重，衝撃荷重）

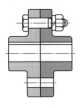

（a）固定軸継手

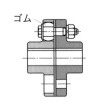

（b）フランジ形たわみ軸継手

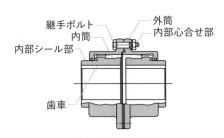

（c）歯車形軸継手

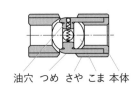

（d）こま形自在軸継手

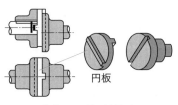

（e）オルダム軸継手

（f）弾性ヒンジ形たわみ軸継手

（g）ベローズ形たわみ軸継手

図 3.7　軸継手の種類

3.6　キー（JIS B 1301 : 2009）

　キーは，図3.8に示すように，軸と軸に取り付けられる軸継手や歯車などの部品を結合し，動力を伝達するための機械要素である．キーおよびキー溝の形状などは，JIS B 1301に規定されている．

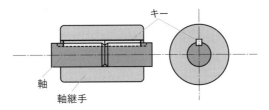

図 3.8　キーの使い方

3.6.1 キーの種類

キーには，図 3.9 に示すような 3 種類がある．

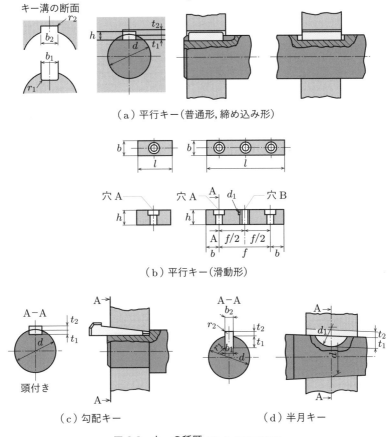

（a）平行キー（普通形，締め込み形）

（b）平行キー（滑動形）

（c）勾配キー　　　　　　　　　（d）半月キー

図 3.9　キーの種類 (JIS B 1301 : 2009)

(1) 平行キー

　キーの上下面が平行なキーである（図 3.9(a),(b)）．表 3.6 に JIS 規格の一例を示す．表に示すように，JIS には，キーの幅と高さが規定されている．キーの長さ l は，軸の直径を d とすると，通常，$l = 1.5d$ とする．表には，適応する軸径の目安が示されているが，伝達動力の値により，目安の軸径よりも大きい軸に適用しても差し支えない．

表 3.6　平行キーの規格 [mm] (JIS B 1301 : 2009)

キーの呼び寸法 $b×h$	b_1 の基準寸法 b_2	滑動形		普通形		締込形	r_1 および r_2	t_1 の基準寸法	t_2 の基準寸法	b_1 のおよび寸法 b_2	参考 適応する軸径 *d
		b_1 許容差 H9	b_2 許容差 D10	b_1 許容差 N9	b_2 許容差 Js9	b_1 および b_2 許容差 P9					
2×2	2	+0.025 0	+0.060 +0.020	−0.004 −0.029	±0.0125	−0.006 −0.031	0.08〜0.16	1.2	1.0	+0.1 0	6〜8
3×3	3							1.8	1.4		8〜10
4×4	4	+0.030 0	+0.078 +0.030	0 −0.030	±0.0150	−0.012 −0.042		2.5	1.8		10〜12
5×5	5							3.0	2.3		12〜17
6×6	6							3.5	2.8		17〜22
(7×7)	7	+0.036 0	+0.098 +0.040	0 −0.036	±0.0180	−0.015 −0.051	0.16〜0.25	4.0	3.3		20〜25
8×7	8							4.0	3.3		22〜30
10×8	10							5.0	3.3		30〜38
12×8	12	+0.043 0	+0.120 +0.050	0 −0.043	±0.0215	−0.018 −0.061	0.25〜0.40	5.0	3.3	+0.2 0	38〜44
14×9	14							5.5	3.8		44〜50
(15×10)	15							5.0	5.3		50〜55
16×10	16							6.0	4.3		50〜58
18×11	18							7.0	4.4		58〜65

＊　適応する軸径は，キーの強さに対応するトルクから求められるものであって，一般用途の目安として示す．キーの大きさが伝達するトルクに対して適切な場合には，適応する軸径より太い軸を用いてもよい．その場合には，キーの側面が，軸およびハブに均等に当たるように t_1 および t_2 を修正するのがよい．適応する軸径より細い軸には用いないほうがよい．

備考：括弧を付けた呼び寸法のものは，対応国際規格には規定されていないので，新設計には使用しない．

　平行キーは，キー溝幅の許容範囲の違いにより，滑動形，普通形，締め込み形の 3 種類がある．一般に滑動形は，軸が軸方向に移動できるように，ボス（軸に取り付けられる機械要素）側のキー溝幅を少し大きめに作り，キーが軸側のキー溝内を軸方向に移動しないようにねじで固定する形式を用いる．固定式のキーには，止めねじ用の穴と，キーを取り外す際，外しやすいように，ねじ穴を設けるのが普通である．

(2) 勾配キー

片面に 1/100° の勾配をもつキーである（図 3.9(c)）．勾配キーは，軸と穴のガタを防ぐために用いられるが，キーの打ち込みにより軸と穴の中心がずれるため，高速・高精度の回転軸には使用できない．取り外しができるようにキー端に突起を設けたキー（頭付き）と，頭なしのキーが規定されている．

(3) 半月キー

半月キーは，片面が半月形のキーである（図 3.9(d)）．キー溝の加工が容易であり，また，キー溝に対する傾きが自動的に修正されるため，テーパ軸に多く使用される．ただし，キー溝が深く，その分軸剛性が低下するので，大きな荷重が加わる場合には使用されない．

3.6.2 キーおよびキー溝付軸の強度

(1) キーの材料

キーの材料には，一般には，構造用炭素鋼 (S 20 C～S 45 C) を用い，引張り強さ 600 MPa 以上の材料を用いることを JIS では規定している．この場合，キーの許容せん断応力 τ_a は 30～40 MPa，許容面圧 p_a は 100～150 MPa の値となる．

(2) キーの強度

キーは動力を伝達する要素なので，それに見合った強度をもつことが要求される．キーの強度には，図 3.10 に示すような，せん断強度と面圧強度がある．せん断強度は，キーがキー溝から受ける横からの力に対して破断しない限界の強さであり，面圧強度は，受ける力によってキー端面が押しつぶされ永久変形を生じない限界の強さである．

キーの大きさを選定する場合には，せん断強度と面圧強度から伝達可能な動力を

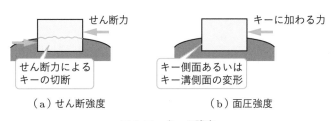

図 3.10　キーの強度

求め，設計で必要とする動力を満たしていることを確認する必要がある．軸直径を d，キーの幅を b，キーの有効長さを l，穴側キー溝の深さを t_2 とすると，伝達しうる最大トルクは，許容せん断応力 τ_a および許容面圧 p_a から，それぞれ次のように与えられる．

$$T_\tau = \frac{\tau_a lbd}{2}, \quad T_p = \frac{p_a lt_2 d}{2} \tag{3.14}$$

これらのうち，いずれか小さいほうが，伝達しうる最大トルクとなる．

(3) キー溝をもつ軸の許容ねじり応力

ねじりモーメントを受ける場合の軸直径は，式 (3.2) で与えられた．キー溝付軸についても，この式をもとに軸直径を求める簡易的な計算法が提案されている．

キー溝付軸では，式 (3.2) の許容ねじり応力 τ_a を $0.75\tau_a$ に置き換えて計算する．よって，ねじりモーメントを受けるキー溝付軸の軸直径を求める式は，次式で与えられることになる．

$$d^3 = \frac{16T}{\pi 0.75\tau_a} \tag{3.15}$$

例題 3.6　電動モータを用いて，$L = 2.2\,\text{kW}$ の動力を回転数 $n = 3000\,\text{min}^{-1}$ でキーを使って軸に伝えるとき，軸の直径とキーを選定せよ．なお，軸の許容ねじり応力 $\tau_a = 40\,\text{MPa}$，キーの許容せん断応力 $\tau_a = 30\,\text{MPa}$，許容面圧 $p_a = 100\,\text{MPa}$ とする．

解

モータによって伝達しうるトルク T を求める．

$$T = L \times \frac{60}{2\pi n} = 2200 \times \frac{60}{2 \times 3.14 \times 3000} = 7\,\text{N·m}$$

式 (3.15) より，

$$d^3 = \frac{16T}{\pi 0.75\tau_a} = \frac{16 \times 7}{\pi 0.75 \times 40 \times 10^6} = 1.19 \times 10^{-6}\,\text{m}^3$$

$$\therefore d = 0.0106\,\text{m} \approx 0.011\,\text{m}$$

表 3.6 に示す適応する軸径より，4×4 のキーを選定する．

式 (3.14) を用いてキーの長さ l を求める．

$$T_\tau = 7 = \frac{30 \times 10^6 \times l \times 0.004 \times 0.011}{2} \qquad \therefore l = 11\,\text{mm}$$

$$T_p = 7 = \frac{100 \times 10^6 \times l \times 0.0018 \times 0.011}{2} \qquad \therefore l = 7.1\,\text{mm}$$

T_τ，T_p の両方を伝達するためには，T_τ を伝達できればよいので，$l = 11\,\text{mm}$ を選定する．

練習問題

下記の問題を解く際に，必要であれば次の値を使いなさい．

縦弾性係数 $E = 206\,\mathrm{GPa}$，横弾性係数 $G = 79\,\mathrm{GPa}$

3.1　実際の機器において，軸材料としてどのような材料が使われるか調べよ．

3.2　軸材料として使用される一般構造用鋼や，炭素鋼，合金鋼などについて，その用途や強度など，軸の材料を選択するうえで必要と考えられる特性をまとめよ．

3.3　図 3.11 のような丸軸にねじりモーメント T が加わり，丸軸の許容ねじり応力を τ_a とするとき，式 (3.4) を導出せよ．

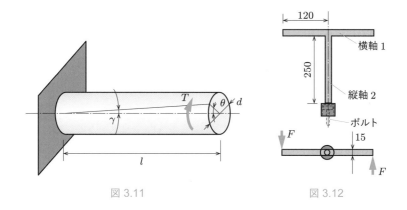

図 3.11　　　　　　　　図 3.12

3.4　図 3.12 のような，ボルトを締め付けるための T 形のボックスレンチに加えうる力の最大値を求めよ．このボックスレンチは，直径 15 mm の軟鋼によって作られ，横軸と縦軸の継ぎ目は溶接されている．加えうる力の最大値は，レンチの軸径によって決まるものとする．ただし，許容曲げ応力 $\sigma_a = 100\,\mathrm{MPa}$，許容ねじり応力 $\tau_a = 70\,\mathrm{MPa}$ とする．

  (1) 横軸 1 に加えうる最大力を求めよ．

  (2) 縦軸 2 に加えうる最大トルクを求め，ボックスレンチに加えうる最大力を決定せよ．

3.5　鋼製の中空丸軸を用いて，図 3.13 に示すような 1 人乗りのブランコを作ろうと思う．ブランコの 2 本の鎖には均等に荷重が加わるわけではなく，片側の鎖に最大荷重が 2000 N 加わる（このとき他方の鎖に加わる荷重はゼロとする）とするとき，円管の直径を決定せよ．ただし，円管の内外径比を 0.8，許容曲げ応力を $\sigma_a = 30\,\mathrm{MPa}$ とする．

3.6　図 3.14 のように，軸端にプーリをもつ鋼製の中実丸軸がある．プーリには，ベルトを介して図のような方向に 400 N の力が加わっている．いま，このベルトが回転数 $n = 1000\,\mathrm{min^{-1}}$ で 2 kW の動力を伝達するとき，以下の (1), (2) の問いに答えよ．

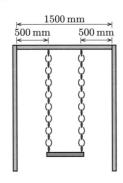

図 3.13

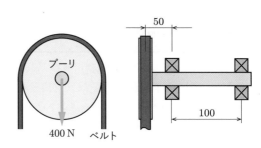

図 3.14

(1) 相当曲げモーメント M_e と相当ねじりモーメント T_e を求めよ．ただし，ここでは $k_m = k_t = 1$ として計算せよ．

(2) (1) の答えより，軸直径を決定せよ．ただし，$\sigma_a = 60\,\mathrm{MPa}$，$\tau_a = 40\,\mathrm{MPa}$ とせよ．

3.7 図 3.15 に示すような軸の危険速度を，ダンカレーの実験式を用いて求めよ．ただし，軸材の密度を $\rho = 7800\,\mathrm{kg/m^3}$，羽根車の質量を $3\,\mathrm{kg}$ とする．また，軸受の支持は固定支持とせよ．

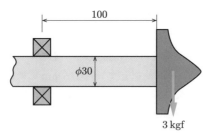

図 3.15

転がり軸受および転がり直動案内

4.1 軸受の種類と摩擦

　軸受とは，字が表すように，軸を受ける機械要素である．そのはたらきとしては，軸を支えて，これが回転する，あるいは真直に移動できるようにするものであり，とくに直線運動を可能とする軸受については，直動案内とよぶ場合が多い．

　軸を小さな力で動かすためには，軸が動く際に生じる摩擦力をできるかぎり小さくしなければならない．物体にはたらく摩擦を小さくする方法については，紀元前からその方法が知られていた．図 4.1 にその方法を示すが，一つは動かそうとする物体の下にころを入れ，ころが転がることによって摩擦を低減する方法であり，転がり摩擦を利用している．他方は，物体の下に油などのすべりやすくするための流体を入れ，摩擦を低減する方法である．これは，すべり摩擦を利用している．

　現在，軸受として使用されているものも，摩擦を低減する方法として，この 2 種類を用いている．転がり摩擦を利用する軸受を転がり軸受，すべり摩擦を利用する軸受をすべり軸受とよんでいる．

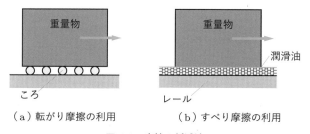

（a）転がり摩擦の利用　　　（b）すべり摩擦の利用

図 4.1　摩擦の低減法

● 4.2　転がり軸受の構造と種類

　現在使用されているような転がり軸受の形状が発想されたのは，15 世紀になってからであり，レオナルド・ダ・ビンチがその手稿の中に描いている．しかし，実際に種々の転がり軸受の形式が発明され，使用され始めたのは，18 世紀末から 19 世紀にかけてである．19 世紀当時の転がり軸受の製作は，職人が一つひとつ作り上げており，大変手間のかかるものであった．しかし 20 世紀初頭，フォード社が世に有名な T 形フォードを大量生産するに至って，転がり軸受も大量に生産され始めた．大量生産を機に，転がり軸受の種類，大きさなども規格化され，互換性，経済性を備えた機械要素として種々の機械に広く使用され始めた．現在では，転がり軸受は，「機械の米」といわれるほど，機械を作るうえで重要な機械要素となっている．

4.2.1　転がり軸受の構造

　図 4.2 に転がりの軸受の外観を，図 4.3 に種々の転がり軸受の構造と各部の名称を示す．転がり軸受は，一般には，軌道輪（内輪，外輪），保持器，転動体（玉，ころ）によって構成される．軌道輪は，転動体が回転して移動するための部品であり，保持器は，転動体を包み込んで一定間隔に保持するための部品である．

　転動体には，図 4.3 に示すように，球，円筒ころ，円すいころなどの種類があり，用途によって使い分けられているが，一般には，玉ところが多用される．

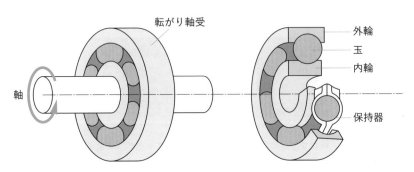

図 4.2　転がり軸受の外観

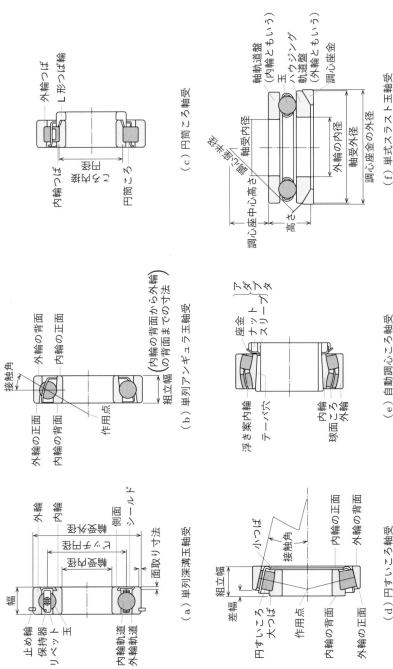

（a）単列深溝玉軸受

（b）単列アンギュラ玉軸受

（c）円筒ころ軸受

（d）円すいころ軸受

（e）自動調心ころ軸受

（f）単式スラスト玉軸受

図 4.3 軸受各部の名称[1]

4.2.2 転がり軸受形式の種類と選定

　転がり軸受の種類は，軸受に加わる荷重の方向によって，大きく 2 種類に分類される．図 4.4 に示すように，軸方向の荷重（アキシャル荷重）を受ける軸受を，スラスト軸受，半径方向の荷重（ラジアル荷重）を受ける軸受をラジアル軸受とよぶ.

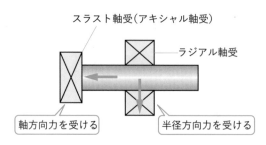

スラスト軸受(アキシャル軸受)

ラジアル軸受

軸方向力を受ける

半径方向力を受ける

図 4.4　力の方向と転がり軸受の種類

　表 4.1 に，ラジアル軸受とスラスト軸受の種々の形式を示す．このように多くの転がり軸受の形式の中から，仕様に合う形式を選定するためには，表中に示すような手順に従えばよい.

　まず深溝玉軸受を考え，この軸受で要求仕様が満足できるかを判断する．軸受に加わる力や軸受に要求される仕様から判断して深溝玉軸受では対応できないようであれば，次のステップに進み，ほかの形式の軸受形式を選定すればよい.

4.3　転がり軸受の寸法，形状と性能

　表 4.2 に，代表的な転がり軸受である単列深溝玉軸受のカタログ表示の一例を示す．転がり軸受のカタログには，種々の寸法や性能（基本定格荷重，許容回転数など）が示されている．以下，表中で示されている用語などについて解説する.

表 4.1 ラジアル転がり軸受とスラスト転がり軸受の種類

軸受形式 特性	深溝玉軸受 	アンギュラ玉軸受	自動調心玉軸受	円筒ころ軸受	片つば付円筒ころ軸受	針状ころ軸受	円すいころ軸受	自動調心ころ軸受	スラスト玉軸受	スラスト円筒ころ軸受
負荷能力 ラジアル荷重／アキシャル荷重	 ←	←	←	←	←	←	←	←	↓	↓
高速回転	4	4	2	4	3	3	3	2	1	1
高回転精度	3	3	2	3	2	1	3		1	
低騒音・振動	4	3		1	1	1				
低摩擦トルク	4	3		1						
高剛性			2	2	2	2	2	3		3
耐振動・衝撃性			1	2	2	2	2	3		3

4 優 ← → 1 劣

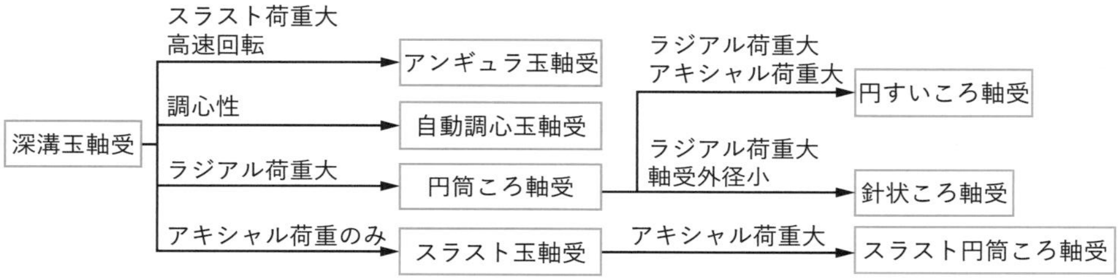

深溝玉軸受
- スラスト荷重・高速回転
- 調心性
- ラジアル荷重大
- アキシャル荷重大

→ アンギュラ玉軸受（ラジアル荷重大／アキシャル荷重大）→ 円すいころ軸受
→ 自動調心玉軸受（ラジアル荷重大）→ 自動調心ころ軸受
→ 円筒ころ軸受（軸受外径小）→ 針状ころ軸受
→ スラスト玉軸受（アキシャル荷重のみ／アキシャル荷重大）→ スラスト円筒ころ軸受

表4.2　単列深溝玉軸受の性能[1]

主要寸法 [mm]				基本定格荷重 [N]		係数	許容回転数 [min⁻¹] グリース潤滑		許容回転数 油潤滑	呼び番号		
d	D	B	r (最小)	C_r	C_{or}	f_0	解放形 Z·ZZ形 V·VV形	DU 形 DUU 形	開放形 Z 形	開放形	シールド形	シール形
20	32	7	0.3	4,000	2,470	15.5	22,000	13,000	26,000	6804	ZZ	VV DD
	37	9	0.3	6,400	3,700	14.7	19,000	12,000	22,000	6904	ZZ	VV DDU
	42	8	0.3	7,900	4,450	14.5	18,000	—	20,000	16004	—	—
	42	12	0.6	9,400	5,000	13.8	18,000	11,000	20,000	6004	ZZ	VV DDU
	47	14	1	12,800	6,600	13.1	15,000	11,000	18,000	6204	ZZ	VV DDU
	52	15	1.1	15,900	7,900	12.4	14,000	10,000	17,000	6304	ZZ	VV DDU
25	37	7	0.3	4,500	3,150	16.1	18,000	10,000	22,000	6805	ZZ	VV DD
	42	9	0.3	7,050	4,550	15.4	16,000	10,000	19,000	6905	ZZ	VV DDU
	47	8	0.3	8,850	5,600	15.1	15,000	—	18,000	16005	—	—
	47	12	0.6	10,100	5,850	14.5	15,000	9,500	18,000	6005	ZZ	VV DDU
	52	15	1	14,000	7,850	13.9	13,000	9,000	15,000	6205	ZZ	VV DDU
	62	17	1.1	20,600	11,200	13.2	11,000	8,000	13,000	6305	ZZ	VV DDU
28	52	12	0.6	12,500	7,400	14.5	14,000	8,500	16,000	60/28	ZZ	VV DDU
	58	16	1	16,600	9,500	13.9	12,000	8,000	14,000	62/28	ZZ	VV DDU
	68	18	1.1	26,700	14,000	12.4	10,000	7,500	13,000	63/28	ZZ	VV DDU
30	42	7	0.3	4,700	3,650	16.4	15,000	9,000	18,000	6806	ZZ	VV DD
	47	9	0.3	7,250	5,000	15.8	14,000	8,500	17,000	6906	ZZ	VV DDU
	55	9	0.3	11,200	7,350	15.2	13,000	—	15,000	16006	—	—

C_r：基本動定格荷重，C_{or}：基本静定格荷重

4.3.1 主要寸法 (JIS B 1512 : 2011)

　図 4.5 に，転がり軸受の主要寸法記号を示す．図に示すように，d は軸受内径，D は軸受外径，B は軸受幅，r は軸受角部の丸み半径を示す．

　軸受外径 D は，内径 d が同じであっても，転動体の大きさによって異なる値となる．図 4.6 に示すように，転がり軸受外径の寸法系列は，7, 8, 9, 0, 1, 2, 3, 4 の順で大きくなっており，これらの値は，次に述べる軸受の呼び番号の中に組み入れられている（図では 8〜4 を掲載）．また，軸受幅についても 8, 0, 1, 2, 3, 4, 5, 6 と系列が規定されており，この順で幅が大きくなる（図では 0〜6 を掲載）．幅系列は，おのおのの系列の中でさらに細分化されており，転がり軸受の種類によって使い分けられている．

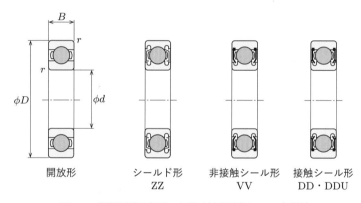

図 4.5　単列深溝玉軸受の各部寸法記号とシール方法[1]

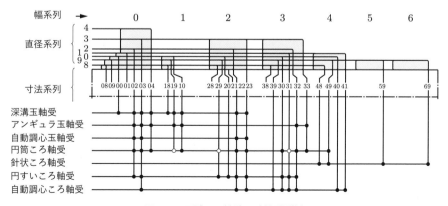

図 4.6　ラジアル軸受の寸法系列[2]

4.3.2 呼び番号 (JIS B 1513 : 1995)

転がり軸受の種類や大きさは，呼び番号を指定することによって一義的に決定され，呼び番号の一覧は JIS に掲載されている．たとえば下記のような呼び番号は，以下のような内容で構成されている．

$$6\ 2\ 05\ ZZ\ C3$$

- 6： 軸受の種類を示し，6 は深溝玉軸受であることを示す
- 2： 外径寸法を示し，直径寸法系列が 2 であることを意味する
- 05： 軸受の呼び内径を示す．$00 = \phi10\,\mathrm{mm}$, $01 = \phi12\,\mathrm{mm}$, $02 = \phi15\,\mathrm{mm}$, $03 = \phi17\,\mathrm{mm}$, 04 以上は，この数値を 5 倍した値が内径寸法になる．よって，$04 = 5 \times 4 = \phi20\,\mathrm{mm}$ を意味する
- ZZ： 図 4.5 に示すように，転がり軸受の端部につけるシール形状を表す記号である
- C3： ラジアル内部すきまの等級を表す（4.5.3 項参照）

$$7\ 2\ 10\ C\ DT\ P5$$

- 7： アンギュラ玉軸受であることを示す．
- 2： 直径寸法系列
- 10： 軸受の呼び内径 $= 50\,\mathrm{mm}$
- C： アンギュラ玉軸受における球と内輪あるいは外輪との接触角．C は 15°，A5 は 25°，A は 30°（省略可能），B は 40° である
- DT： アンギュラ軸受の組み合わせ記号で，並列組み合わせを示す．背面組み合わせは DB，正面組み合わせは DF を用いる．表 4.3 にその組み合わせ方と特徴を示す
- P5： 精度等級記号で，5 級であることを示す

表 4.3　組み合わせアンギュラ玉軸受の組み合わせ形式の特徴[1]

背面組み合わせ形 (DB)		・ラジアル荷重と両方向のアキシャル荷重を負荷できる ・作用点位置寸法 a が大きいので, モーメントがかかる場合に適する ・予圧タイプの場合, 内軸をナットで締め付けるだけで適正な予圧が得られるように, あらかじめすきま調整されている
両面組み合わせ形 (DF)		・ラジアル荷重と両方向のアキシャル荷重を負荷できる ・作用点位置寸法 a が小さいので, モーメント負荷能力は背面組み合わせ形に比べて劣る ・予圧タイプの場合, 外軸を押えることにより適正な予圧が得られるように, あらかじめすきま調整されている
並列組み合わせ形 (DT)		・ラジアル荷重と一方向のアキシャル荷重を負荷できる ・アキシャル荷重を 2 個の軸受で受けるので, 一方向のアキシャル荷重が大きい場合に適する

4.3.3 基本定格荷重

転がり軸受の負荷能力を表す値として, 基本定格荷重がある. 基本定格荷重には, 静定格荷重と動定格荷重がある.

静定格荷重は, 転がり軸受が停止している状態で静かに荷重を加えて除荷した場合に, 転動体と軌道輪に生じる永久変形量が, 転動体直径の 1/10,000 となるような荷重をいう. 転がり軸受にこれ以上の荷重をかけると, 転動体と軌道輪が変形し, 良好な回転状態が得られなくなる.

動定格荷重は, 転がり軸受の疲れ寿命に関係する荷重である. 転がり軸受の転動体や軌道輪は, 回転することによって, 時間的に変動する荷重を繰り返し受けることになる. この繰り返し変動荷重によって, 軌道輪表面などに疲労亀裂が生じる. これをフレーキング (図 4.7) とよぶ. 転がり軸受の疲れの定格寿命は, フレーキングを生じる限度を用いて統計的な定義がなされている. さらに, この基本定格寿命に基づいて動定格荷重が定義されており, 転がり軸受がフレーキングを生じることなく 100 万回転できる, 大きさと方向が一定の荷重を動定格荷重という.

同一条件の転がり軸受を回転させたとき, その 90% がフレーキングを生じることなく回転できる回転数を, 基本定格寿命とよぶ. 100 万回転の基本定格寿命 L_{10} を式で表すと, 以下のようになる.

$$L_{10} = \left(\frac{C}{P}\right)^3 \quad [100 万回転] \quad （転動体：玉） \tag{4.1}$$

フレーキング痕

図 4.7　**軸受内輪に生じたフレーキング**
（写真提供：日本精工株式会社）

$$L_{10} = \left(\frac{C}{P}\right)^{10/3} \quad [100\,万回転] \qquad (転動体：ころ) \tag{4.2}$$

ここで，C：動定格荷重 [N]（ラジアル軸受では C_r，スラスト軸受では C_a で表す），P：転がり軸受に加わる荷重 [N] である．

さらに，疲れ寿命を総回転数ではなく，寿命時間で表す方法もある．その場合の基本定格寿命 L_{10h}［時間：hour］の式は，100万回転する時間を基準として，以下のように与えられる．

$$L_{10h} = \frac{10^6}{60n} \left(\frac{C}{P}\right)^3 \quad [時間：hour] \qquad (転動体：玉) \tag{4.3}$$

$$L_{10h} = \frac{10^6}{60n} \left(\frac{C}{P}\right)^{10/3} \quad [時間：hour] \qquad (転動体：ころ) \tag{4.4}$$

ここで，n：回転数 [min^{-1}] である．

転がり軸受が使用される機械によって，必要な基本定格寿命は異なる．その目安を表 4.4 に示す．

軸受の基本定格荷重は，信頼度 90% の場合，式 (4.1)，(4.2) のように与えられるが，用途によっては 90% 以上の信頼度で軸受寿命を求める必要がある．この場合，使用条件などを考慮して，次のような修正定格寿命を用いる．

$$L_{nm} = a_1 \times a_{\mathrm{ISO}} \times L_{10} \tag{4.5}$$

ここで，

L_{nm}：修正定格寿命 [100万回転]

a_1：信頼度係数（90% よりも高い信頼度の定格寿命を計算するための値．信頼度 99.95% までの値が規定されており，信頼度が上がるほど値は減少する．信頼

表 4.4　転がり軸受の寿命時間の目安[1]

使用区分	使用機械と必要寿命時間L_h [×10³時間]				
	～4	4～12	12～30	30～60	60～
短時間，またはときどき使用される機械	家庭用電気機器，電動工具	農業機械，事務機械			
短時間，またはときどきしか使用されないが，確実な運転を必要とする機械	医療機器，計器	家庭用エアコン，建設機械，エレベータ，クレーン	クレーン（シーブ）		
常時ではないが，長時間運転される機械	乗用車，二輪車	小形モータ，バス・トラック，一般歯車装置，木工機械	工作機械スピンドル，工場用汎用モータ，クラッシャ，振動スクリーン	重要な歯車装置，ゴム・プラスチック用カレンダロール，輪転印刷機	
常時1日8時間以上運転される機械		圧延機ロールネック，エスカレータ，コンベヤ，遠心分離機	客車・貨車（車軸），空調設備，大形モータ，コンプレッサ・ポンプ	機関車（車軸），トラクションモータ，鉱山ホイスト，プレスフライホイール	パルプ・製紙機械，船用推進装置
1日24時間運転され，事故による停止が許されない機械					水道設備，鉱山排水・換気設備，発電所設備

度90%で$a_1 = 1.0$，99%で$a_1 = 0.25$）

a_{ISO}：寿命修正係数（粘度比κ，汚染係数e_C，疲労限荷重C_u，および動等価荷重Pから計算する）

a_1，a_{ISO}の値は，転がり軸受カタログに記載されている．

4.3.4 許容回転数

　転がり軸受の回転数を増加させるに従い，転動体と軌道輪の間の摩擦によって，軸受の温度が上昇していく．ある一定以上の回転数で回転させると温度上昇が激しくなり，転動体と軌道輪が焼き付くなど，軸受としての機能を果たせなくなってしまう．そのため，軸受には，許容回転数として，回転可能な回転数がそれぞれ明示されている．許容回転数は，潤滑に用いる油によってその値が異なり，グリース潤滑と油潤滑では，油潤滑のほうが許容回転数が高い．

転がり軸受の許容回転数を表す数値として，dn（軸受内径 [mm] × 回転数 [min^{-1}]）値が慣例的によく使われる．転がり軸受の dn 値は，通常 500,000 程度であるが，最近では，潤滑法や軸受材料を工夫することにより，3,000,000 程度まで回転可能な転がり軸受を用いた回転軸も開発されている．

4.3.5 転がり軸受の精度 (JIS B 1514 : 2017)

転がり軸受の精度としては，JIS 0 級から，6 級，5 級，4 級，2 級という順で精度が高くなる規格が制定されている．精度には，寸法精度と回転精度が規定されている．寸法精度は，軸受を軸やハウジングに取り付ける際に必要となる，軸受各部の精度である．回転精度は，回転時の軸振れを規定しており，軸が種々のはたらきをする際に必要となる精度である．表 4.5 に，軸受形式と精度等級の関係を示す．また，次のような場合には，5 級以上の精度の軸受を使用することが好ましい．

- 回転体の振れを小さくする場合：工作機械の主軸など
- 高速回転の場合：過給器，遠心分離機，高周波モータスピンドルなど
- 軸受摩擦および摩擦変動を小さくする場合：高精度回転テーブル，サーボモータなど

表 4.5　**軸受形式と精度等級**[3]

軸受形式		適用規格	精度等級				
深溝玉軸受		JIS B 1514 (ISO 492)	0 級	6 級	5 級	4 級	2 級
アンギュラ玉軸受			0 級	6 級	5 級	4 級	2 級
自動調心玉軸受			0 級	—	—	—	—
円筒ころ軸受			0 級	6 級	5 級	4 級	2 級
針状ころ軸受			0 級	6 級	5 級	4 級	—
自動調心ころ軸受			0 級	—	—	—	—
円すいころ軸受	メートル系	JIS B 1514	0 級, 6X 級	6 級	5 級	4 級	
	インチ系	ANSI/ABMA Std. 19	Class 4	Class 2	Class 3	Class 0	Class 00
	J系	ANSI/ABMA Std. 19.1	Class K	Class N	Class C	Class B	Class A
スラスト玉軸受		JIS B 1514 (ISO 199)	0 級	6 級	5 級	4 級	—
スラスト自動調心ころ軸受			0 級	—	—	—	—

低　←　精度　→　高

4.4 深溝玉軸受の選定方法

転がり軸受を設計することはほとんどなく，用途や目的によって，表 4.2 のような カタログの中から適切な軸受を選択する必要がある．ここでは，深溝玉軸受を選定するための手順を以下に示す．

(1) ラジアル荷重（半径方向荷重）のみを受ける場合

① 表 4.4 から，目安となる必要寿命時間を決める
② 軸受に加わる値を計算し，式 (4.3) に代入して動定格ラジアル荷重を求める
③ 求めた動定格ラジアル荷重の値に見合った軸受をカタログから選定する

なお，転がり軸受の寿命は，軸受にどのような荷重が加わるかによっても影響を受ける．よって，荷重の影響を加味し，荷重 P に対して荷重係数 f_w を乗じた値 $f_w P$ を用いて計算するのが一般的である．表 4.6 に f_w の値および転がり軸受の使用箇所の例を示す．

表 4.6 転がり軸受の使用箇所の例および f_w の値

運転条件	使用機械例	f_w
衝撃のない円滑運転のとき	電動機，工作機械，空調機械	1〜1.2
普通運転のとき	送風機、コンプレッサ，エレベータ，クレーン，製紙機械	1.2〜1.5
衝撃・振動を伴う運転のとき	建設機械，クラッシャ，振動ふるい，圧延機	1.5〜3

(2) ラジアル荷重とアキシャル荷重（軸方向荷重）を受ける場合

深溝玉軸受は，ラジアル荷重に加え，ある程度のアキシャル荷重も受けることができる．この場合，ラジアル，アキシャル荷重を等価的なラジアル荷重に置き換えた動等価ラジアル荷重を算出して，軸受の選定に使用する．動等価ラジアル荷重は以下の式より求める．また，動等価ラジアル荷重 P_r 算出のために必要な関係を，表 4.7 に示す．

$$P_r = XF_r + YF_a \tag{4.6}$$

ここで，F_r：ラジアル荷重，F_a：アキシャル荷重，X, Y：荷重係数である．

表 4.7　動等価ラジアル荷重の算出に必要な関係

$\dfrac{f_0 \cdot F_a}{C_{0r}}$	e	$\dfrac{F_a}{F_r} \leq e$		$\dfrac{F_a}{F_r} > e$	
		X	Y	X	Y
0.172	0.19				2.30
0.345	0.22				1.99
0.689	0.26				1.71
1.03	0.28				1.55
1.38	0.30	1	0	0.56	1.45
2.07	0.34				1.31
3.45	0.38				1.15
5.17	0.42				1.04
6.89	0.44				1.00

① 動等価ラジアル荷重の式に含まれる X, Y の値を適当に仮定し，寿命時間を考慮して動等価ラジアル荷重を求める
② 求めた動等価ラジアル荷重をもとに，軸受を仮に選定する
③ 選定した軸受に対して動等価ラジアル荷重を求め，必要寿命時間を満足しているか確認する

例題 4.1　$300\,\mathrm{min}^{-1}$ で回転し，ほとんど衝撃のないラジアル荷重 $F_r = 500\,\mathrm{N}$ を受ける単列深溝玉軸受を選択せよ．ただし，必要寿命時間を 12,000 時間，内径は 20 mm とする．

解

式 (4.3) において，荷重係数を考慮し，題意より $f_w = 1.2$ とすると，

$$L_{10h} = \frac{10^6}{60n}\left(\frac{C_r}{f_w P}\right)^3 \quad \text{数値を代入すると} \quad 12000 = \frac{10^6}{60 \times 300}\left(\frac{C_r}{1.2 \times 500}\right)^3$$

となる．よって，動定格ラジアル荷重 C_r を求めると，

$$C_r = 1.2 \times 500 \times \sqrt[3]{\frac{60 \times 300 \times 12000}{10^6}} = 3600\,\mathrm{N}$$

となる．したがって，表 4.2 を用いて呼び番号 6804（動定格荷重 4.0 kN）の軸受を選定する．

例題 4.2　$300\,\mathrm{min}^{-1}$ で回転し，ほとんど衝撃のないラジアル荷重 $F_r = 500\,\mathrm{N}$ と，アキシャル荷重 $F_a = 200\,\mathrm{N}$ を受ける単列深溝玉軸受を選択せよ．ただし，必要寿命時間を 12,000 時間，内径は 20 mm とする．

解

ラジアル荷重とアキシャル荷重を同時に受けていることから，動等価ラジアル荷重の算出に関係する X, Y の値を，仮に $X = 0.56, Y = 1.71$ とする．

よって，動等価ラジアル荷重は，$P_r = 0.56 \times 500 + 1.71 \times 200 = 620\,\mathrm{N}$ となる．

式 (4.3) に代入し C_r を求めると，

$$C_r = 1.2 \times 620 \times \sqrt[3]{\frac{60 \times 300 \times 12000}{10^6}} = 4464\,\mathrm{N}$$

となるため，表 4.2 を用いて呼び番号 6904（動定格荷重 6.4 kN）の軸受を仮に選定する．

次に，軸受 6904 の寿命時間を再度計算し，仕様を満足するか確認する．

表 4.7 にかかわる次の値を計算する．

$$\frac{f_0 F_a}{C_{0r}} = \frac{14.7 \times 200}{3700} = 0.795, \quad \frac{F_a}{F_r} = \frac{200}{500} = 0.4$$

$f_0 F_a / C_{0r} = 0.795$ に相当する e の値を表 4.7 から読みとると，$e \approx 0.26$ であることから，$F_a/F_r = 0.4 > e$ となる．よって $X = 0.56, Y = 1.55+(1.71-1.55)\times(1.03-0.795)/(1.03-0.689) = 1.66$（$Y$ の値は，表 4.7 を用いて比例配分で求める）だから，

$$P_r = 0.56 \times 500 + 1.66 \times 200 = 612 \,\text{N}$$

となる．よって，寿命時間は，

$$L_{10h} = \frac{10^6}{60n}\left(\frac{C_r}{f_w P}\right)^3 = \frac{10^6}{60 \times 300}\left(\frac{6400}{1.2 \times 612}\right)^3 = 36{,}700 \,\text{hour}$$

となり，与えられた条件 12,000 時間を十分満足する．このことより，呼び番号 6904 を軸受として選定する．

4.5 転がり軸受の取り付け方

4.5.1 転がり軸受の配列

回転軸は，通常，図 4.8 に示すように 2 個以上の軸受によって支持される．転がり軸受を軸やハウジングに取り付けるためには，表 4.8 に示すように，軸やハウジングに段をつけ，そこに軌道輪端面をあて，ねじによって締め付ける方法や，止め輪を用いて固定する方法がある．表中の図に示すように，深溝玉軸受を軸方向に固定するためには，内輪，外輪ともにその端面を軸方向に移動しないように固定する必要がある．

また，軸の回転による転がり軸受部の発熱やモータ部の発熱により，軸の膨張が大きくなると思われる場合には，一方の軸受を軸方向に固定し，他方については軸

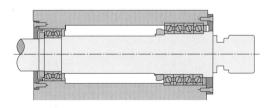

図 4.8　転がり軸受を用いたスピンドル

表 4.8　転がり軸受の固定法[4]

内輪の固定	外輪の固定	止め輪を用いた固定
もっとも一般的な固定方法として, 締め付けナットまたはボルトを用いて, 軸肩またはハウジング肩に軌道輪端面を締め付ける方法が使われている.	JIS B 2804 などに規定されているような止め輪を使用すると, 構造が簡単になる. ただし, 面取りとの干渉などの軸受取り付け関係寸法を満たさなければならない. また, 大きなアキシャル荷重が止め輪に作用する場合や, 剛性を必要とする場合には適していない.	

表 4.9　代表的な軸受配列と適用例[1]

軸受配列		摘　要	適用例（参考）
固定側	自由側		
深溝玉軸受	円筒ころ軸受	・軸の伸縮があっても軸受に異常なアキシャル荷重がかからない, 標準的な配列である ・取り付け誤差の少ない場合や, 高速の用途に適する	中形電動機, 送風機など
つば軸付き円筒ころ軸受	円筒ころ軸受	・重荷重・衝撃荷重に耐え, アキシャル荷重もある程度負荷できる ・円筒ころ軸受は, 各形式とも分離形であるため, 内輪・外輪ともにしめしろが必要なときに適する	車両用主電動機など
深溝玉軸受	深溝玉軸受	・きわめて一般的な配列である ・ラジアル荷重のほかに, ある程度のアキシャル荷重も負荷できる	両吸い込み形うず巻ポンプ, 自動車変速機など

方向に固定しない軸受配列方法がとられる. 表 4.9 に, このような場合の代表的な軸受の配列例を示す. 深溝玉軸受を軸方向に自由にすべるようにするためには, 軌道輪のいずれかを軸方向に固定しなければよい. 図の場合には, 外輪とハウジングのはめあいをすきまばめとし, 外輪を固定せず軸方向に移動可能としている. また, 自由端に円筒ころ軸受を用いた場合は, ころ自体が内輪内で軸方向に移動可能なので, 内外輪はともに軸方向に固定して用いる.

4.5.2 軸受のはめあい

転がり軸受の内外輪に軸やハウジングをはめあわせるとき，適当なはめあいで取り付けないと，軸回転中に軌道輪が円周方向に回転し，はめあい面が摩耗する．この摩耗粉が転がり接触面などに侵入すると，接触面が傷つけられ，振動や温度上昇を引き起こすことになる．表4.10に，転がり軸受に加わる荷重の種類による内外輪のはめあいについて示す．通常，軸受に加わる荷重に対して，軌道輪が相対的に移動する側にしめしろを与え，軌道輪が円周方向に回転しないように十分に固定する．また，軌道輪と加わる荷重との位置関係が一定の場合には，すきまばめとする．

表 4.10　荷重の性質とはめあい[5]

回転の区分	荷重の方向	荷重条件	はめあい		代表例
			内輪と軸	外輪とハウジング	
内輪回転 外輪静止	静止	内輪回転荷重	しまりばめが必要 (k, m, n, p, r)	すきまばめでもよい(F, G, H, JS)	平歯車装置，電動機
内輪静止 外輪回転	回転 外輪とともに回転	外輪静止荷重			不釣り合いが大きい車輪
内輪静止 外輪回転	静止	内輪静止荷重	すきまばめでもよい(f, g, h, js)	しまりばめが必要 (K, M, N, P)	静止軸付きの走行車・滑車
内輪回転 外輪静止	回転 外輪とともに回転	外輪回転荷重			振動ふるい機(不釣り合い振動)
不　定	回転または静止	方向不定荷重	しまりばめ	しまりばめ	クランク

4.5.3 軸受の内部すきま

　軸受の内部すきまとは，軌道輪のどちらかを固定し，他方を動かした場合に移動する量である．図 4.9 に示すように，内部すきまには，半径方向のすきまであるラジアル内部すきまと，軸方向のすきまであるアキシャル内部すきまがある．内部すきまは，転がり軸受の疲れ寿命に大きく関係し，軸が回転中のすきまがわずかに負 $(-5 \sim -10\,\mu\mathrm{m})$ になるようなすきまがよいとされている．つまり，転動体が少し押しつぶされているような状態である．しかし，押しつぶし量が大きくなると，急激に疲れ寿命が低下するので，通常の使用では，安全をみてゼロより少し大きくなるようなすきま（普通すきま）で用いる．内部すきまの大きさを表す記号には，C1，C2，CN（普通すきま），C3，C4，C5 がある．C1，C2 は普通すきまよりすきまが小さく，C3～C5 はすきまが大きい．普通すきま以外の内部すきまの使い分けを表4.11 に示す．

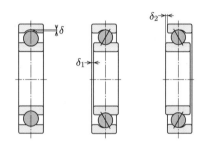

図 4.9　ラジアル内部すきま δ とアキシャル内部すきま $\delta_1 + \delta_2$

表 4.11　普通すきま（CN）以外のすきまの適用例[6]

使用条件	適用例	選定内部すきま
重荷重，衝撃荷重を負荷し，しめしろが大きい	鉄道車両用車軸	C3
	振動スクリーン	C3, C4
方向不定荷重を負荷し，内輪・外輪ともにしまりばめにする	鉄道車両トラクションモータ	C4
	トラクタ・終減速機	C4
軸または内輪が加熱される	製紙機・ドライヤ	C3, C4
	圧延機テーブルローラ	C3
回転時の振動・騒音を低くする	小形電動機	C2, CM
軸の揺れを抑えるため，すきまを調整する	工作機械主軸 （複列円筒ころ軸受）	C9 NA, C0 NA
内輪・外輪ともにすきまばめ	圧延機ロールネック	C2

4.5.4 軸受の予圧

深溝玉軸受のような一般の軸受では，内部すきまをゼロより少し大きめにとって使用するが，アンギュラ玉軸受や円すいころ軸受では，内部すきまをゼロ以下とし，転動体を押しつぶすような圧力をあらかじめ加えて使用することが多い．これを予圧という．予圧の目的としては，

- 転動体を押しつぶすことにより軌道輪の軌道面との接触面積を増加させ，軸受剛性を高める
- 剛性向上に伴い，軸の固有振動数を増加させ，高速回転範囲を拡大させる
- 軸振れ抑制により，回転精度および位置決め精度を向上させる
- 振動および騒音を抑制する

しかし，過大な予圧を与えると，寿命低下，異常発熱，回転トルクの増大を招くので，適当な予圧量を使用することが大切である．図 4.10 に，予圧を与えるための二つの方法を示す．一般に，剛性を高める目的には定位置予圧が適しており，高速回転で振動を防止するような場合は，定圧予圧が適している．

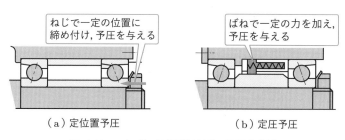

ねじで一定の位置に締め付け，予圧を与える

ばねで一定の力を加え，予圧を与える

（a）定位置予圧　　　　　（b）定圧予圧

図 4.10　アンギュラ転がり軸受の予圧方式[1]

4.6 転がり軸受の潤滑法

　転がり軸受では，軌道輪内で転動体が転がることになるが，両者の表面が直接接触しながら回転した場合には，表面温度が異常に高温となり，すぐに表面が損傷してしまう．よって，両表面が直接接触することがないように，通常，転がり軸受では油やグリースによる潤滑が行われる．グリースとは，鉱油や合成油などの潤滑油（基油）と，リチウム，ナトリウム，カルシウムなどの金属石けん（増ちょう剤）と，

酸化防止剤，極圧添加剤などの添加剤を加えたものをいう．グリース潤滑は，取り扱いや保守が容易であることから，転がり軸受の潤滑法として広く使用されている．しかし，高速回転スピンドルなど，高速回転や冷却作用が必要な場合には，油潤滑が使用される．油潤滑には，種々の方法がある．図4.11に，供給油量と軸受の温度上昇および軸受の摩擦損失の関係を示す．油量が少ない場合，転動体と軌道輪が接触し，温度上昇が大きくなる．油量を少し増加させると油膜が形成され，温度上昇が急激に小さくなる．さらに油量を増加させると今度は油が撹拌され，それが原因となって温度が上昇しはじめる．最終的には，供給油の冷却能力が撹拌による発熱に勝り，温度は低下してくる．表4.12に，油潤滑法を示す．

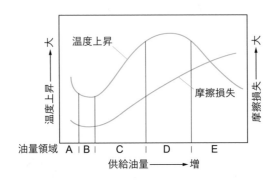

領　域	特　徴	潤滑方法例
A	油量が非常に少ない場合，転動体と軌道面が部分的に金属接触し，軸受の摩耗，焼き付きが発生する．	―
B	完全な油膜が形成され，摩擦は最小で軸受温度も低い．	グリース潤滑 オイルミスト潤滑 オイルエア潤滑
C	さらに油量が増えた場合で，油の撹拌で発熱が増える．	循環給油
D	温度上昇は油量に関係なくほぼ一定．	循環給油
E	油量がさらに増すと冷却効果が顕著になり，軸受温度が下がる．	強制循環給油 ジェット潤滑

図4.11　給油量と温度上昇，摩擦損失の関係[8]

表 4.12　転がり軸受の潤滑法[7]

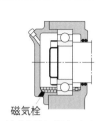

磁気栓

油浴潤滑：軸受を油に浸らせる. 最下位の転動体が半分つかる程度の油量：$V_{area} = 1 \sim 2$

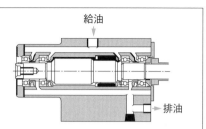

給油

排油

オイルミスト潤滑：霧状の油を含んだ空気を軸受に吹きかける：$V_{area} = 3$

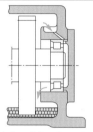

飛沫潤滑：軸受に油をはねかける：$V_{area} = 3$

冷却

ろ過

循環給油：ポンプにより強制的に給油：$V_{area} = 2 \sim 3$

滴下潤滑：上部に取り付けた油だめから, 潤滑油を滴下する（毎分 $5 \sim 6$ 滴）：$V_{area} = 3$

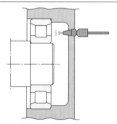

ジェット潤滑：ノズルから一定圧（$0.1 \sim 0.5$ MPa）の油を噴射させて給油する：$V_{area} = 4$

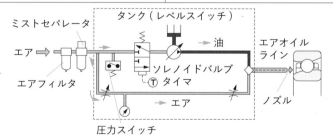

オイルエア潤滑：微量の油を空気配管内に滴下すると, 油は空気流にそって配管壁を伝って軸受に到達する：$V_{area} = 4$

使用回転数範囲　　V_{area}：　　低速：1 ←―――→ 高速：4

4.7　転がり軸受の材料

転がり軸受の材料には，次のような特性が要求される．

- 高い接触圧力にも耐えられる優れた耐圧痕性と大きな硬度
- 優れた疲れ寿命性
- 長期にわたって形状精度を維持できる寸法安定性
- 優れた耐摩耗性と被削性（材料の加工のしやすさ）

転がり軸受の材料としては，完全硬化鋼と表面硬化鋼がある．

(1) 完全硬化鋼

高炭素クロム鋼（SUJ 2, SUJ 3, C：1％, Cr：1.5％を含む）材料の表面から内部まで焼入れ，焼戻し処理を行い，ロックウェル硬さを HRC 57～64 としたもので，一般の転がり軸受に使用される．

(2) 表面硬化鋼

衝撃荷重が加わるような転がり軸受では，侵炭焼入れなどで表面のみ硬化させた材料が使われる．これにより，表面に発生した亀裂が内部に進展せず，転がり軸受の破損を防ぐことができる．この材料の表面硬度は，HRC 60 程度，内部は HRC 40 程度になっており，クロム鋼，ニッケルクロムモリブデン鋼などが使われる．

4.8　転がり直動案内

転がり軸受は，転動体を用いて回転する軸を支持するための機械要素であるが，まっすぐに移動する物体を，やはり転動体を用いて支持し，案内する要素がある．このような要素を，転がり（直動）案内という．転がり案内は，工作機械の移動テーブルや半導体関連機器，産業用ロボットなど，比較的高速で高精度の位置決めを必要とする箇所に数多く使用されており，最近の機械製品には，必要不可欠な機械要素の一つとなっている．

表 4.13 に，転がり直動案内の形式例を示すが，大きく分けて，レール形式，丸軸形式，平板形式の 3 種類に分類できる．さらにこれらは，転動体を案内内部で循環

表 4.13　**転がり直動案内の種類**

軌道の形式	運動の種類	外　観
レール形式	無限直線運動 (転動体循環型)	 (軌道台、端部ねじ、軌道台、保持器 円筒ころ、**保持器付円筒ころ**)
	有限直線運動 (非循環型)	軌道台 端部ねじ　　軌道台 保持器　円筒ころ **保持器付円筒ころ**
丸軸形式	無限直線運動 (循環型)	スプライン軸 鋼球
	有限直線運動 (非循環型)	**ボールケージ** 保持器　鋼球 軸 外筒
平板形式	無限直線運動 (循環型)	中空円筒ころ　キャップ 案内板　　保持板 軌道台 カバー
	有限直線運動 (非循環型)	保持器　　ころ

させることにより，原理上，無限のストロークを可能とした形式と，転動体が循環しない有限ストロークの形式のものに分けられる．転動体には，球ところが用いられる．

図4.12に示すように，送りテーブルは，通常，6自由度（平行変位3自由度，回転変位3自由度）をもっているが，転がり直動案内の役割は，送り方向以外の運動自由度（5自由度）を拘束し，テーブルが目的にあった運動をできるようにすることである．

転がり直動案内の取り付け法は，メーカカタログなどに詳細に解説されているので，それに従うことが重要である．また，転がり案内の選定法は，転がり軸受と類似しているので，ここでは，とくに詳しい記述はしない．

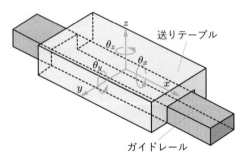

図4.12　**送りテーブルにおける運動自由度**

練習問題

4.1　転がり軸受の構造と種類について，受けられる荷重方向と関連付けてまとめよ．

4.2　次の呼び番号6008 LLU C2，NU 306 E，7208 CDT C2の転がり軸受について，それぞれの詳細を述べよ．

4.3　転がり軸受の精度と適用例について述べよ．

4.4　転がり軸受用材料と熱処理法の種類について調べよ．

4.5　転がり軸受の疲れ寿命とは何か．また基本定格寿命（回転数），基本定格寿命（時間）とは何か．式を用いて説明せよ．

4.6　動定格荷重および静定格荷重とは何か．

4.7　転がり軸受の許容回転数および許容 dn 値について説明せよ．

4.8　転がり軸受の潤滑法と dn 値の関係について調べよ．

4.9　転がり軸受における予圧の効果と予圧付加方法について調べよ．

4.10　転がり軸受のはめあいはなぜ必要か，その理由を述べよ．

4.11　図 4.13 のように，軸端にプーリ（ベルト用回転円板）をもつ鋼製の中実丸軸がある．プーリには，ベルトを介して図のような方向に 400 N の力が加わっている．いまこのベルトが回転数 $n = 1,000\,\mathrm{min}^{-1}$ で 2 kW の動力を伝達するとき，以下 (1)，(2) の問いに答えよ．

　　(1) 軸直径を決定せよ．ただし，$k_m = 1.5$，$k_t = 1$，$\sigma_a = 60\,\mathrm{MPa}$，$\tau_a = 40\,\mathrm{MPa}$ として計算せよ．

　　(2) 左側の転がり軸受の必要寿命時間を $L_{10\mathrm{h}} = 20,000$ 時間以上とするとき，軸受を選定せよ．ただし，$f_w = 1.2$ とする．

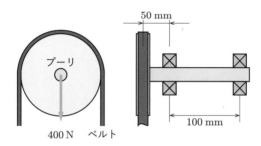

50 mm

プーリ

100 mm

400 N　ベルト

図 4.13

4.12　軸受内径 20 mm の深溝玉軸受を，ラジアル荷重 $F_r = 1,000\,\mathrm{N}$，アキシャル荷重 $F_a = 500\,\mathrm{N}$，回転数 $n = 1,000\,\mathrm{min}^{-1}$ で使用し，必要寿命時間 $L_h = 10,000$ 時間以上が必要なとき，軸受を選定せよ．ただし，荷重係数 $f_w = 1.2$ とする．

すべり軸受および案内

5.1 すべり軸受の分類

　すべり軸受は，一般に，回転する軸とそれを支持する軸受との間に，潤滑性のある油などの流体を入れ，摩擦を減らしすべりやすくした機械要素である（図5.1）．転がり軸受と同様，すべり軸受でも，荷重の加わる方向によってよび方があり，図5.2に示すように，軸方向の荷重を受ける軸受をスラスト軸受，半径方向の荷重を受ける軸受をジャーナル軸受とよぶ．すべり軸受の種類としては，軸の運動中に，軸と軸受が潤滑油などの流体によって完全に分離される流体潤滑軸受と，運動中でも接触を伴うすべり軸受がある．

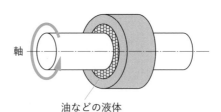

図5.1　すべり軸受

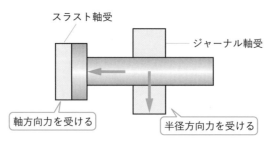

図5.2　加わる力の方向とすべり軸受の種類

これらのすべり軸受は，図 5.3 に示すように，軸受としての特性に差があり，用途も異なる．流体潤滑軸受は，転がり軸受では対応できないような精度（計測器など）や高速回転（高精度加工機，レーザスキャナなど），寿命（発電機など），耐衝撃性（エンジンのコンロッドなど）が必要とされる場合に使用されることが多い．一方，比較的低速で面圧が小さく，かつ，ある程度の軸受面の摩耗などが許されるような用途（一般家電品，自動車用部品など）には，安価で使いやすい接触を伴うすべり軸受が使用される．

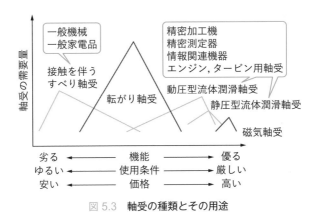

図 5.3 **軸受の種類とその用途**

流体潤滑軸受は，ユニット化され市販されているものもあるが，多くの場合は設計者自身が設計しなければならない．そのためには，流体潤滑理論など身につけなければならない基礎知識があるが，それについては専門書を参考にされたい．また，接触を伴うすべり軸受については，専門メーカから種々の形式の軸受が市販されているので，設計者はその中から仕様に合ったものを選べばよい．

5.2 潤滑状態の種類

油などの流体を用いて，軸と軸受間の摩擦を低減したり，それらの表面の損傷を防ぐことを「潤滑」という．潤滑状態は，軸や軸受の表面粗さと関連づけて，潤滑油の粘度 η，すべり速度 V，単位面積あたりの垂直荷重 p を用いて整理することができる．縦軸に摩擦係数を，横軸にパラメータ $\eta V/p$ をとると，図 5.4 に示すような曲線（Stribeck 曲線）が描かれ，この曲線から，潤滑状態は次の三つの状態に分けて考えられている．

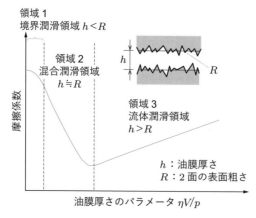

図 5.4　潤滑状態の種類

(1) 境界潤滑領域

　図 5.4 の領域 1 に相当する．潤滑油が極端に少ない場合や非常に大きな荷重が加わる場合には，両表面の間には，油の数分子層からなる吸着層（厚さ数 10^{-3} μm）のみが存在し，直接接触した状態になる．摩擦係数は，吸着層の油性に依存するが，それが破断した場合には，2 面間の物理化学的相互作用によって決定されることになる．材料の組み合わせにもよるが，摩擦係数は 0.1〜0.5 程度の大きな値となり，軸受の設計では，この領域の潤滑にならないようにしている．

(2) 流体潤滑領域

　図 5.4 の領域 3 に相当する．流体膜によって軸と軸受が完全に分離された状態になっており，流体膜内には荷重を支えるための圧力が発生している．したがって，長時間の運転に対しても，軸および軸受表面はまったく摩耗することがなく，理想的な潤滑状態といわれる．摩擦係数は，すべり速度，潤滑流体の粘性係数に依存し，それらが大きくなるにつれ増加する．

(3) 混合潤滑領域

　図 5.4 の領域 2 に相当する．この領域では，軸および軸受面の表面粗さと潤滑膜の厚さがほぼ同程度の大きさになっており，固体接触域と流体潤滑域が混在する．荷重は，固体接触部の接触圧と流体潤滑部に発生する流体膜圧力によって支持される．摩擦係数は，固体接触部と流体潤滑部のそれぞれの和として表され，流体潤滑域が増すにつれ摩擦係数は低下してくる．

　そのほか，油を使わずに摩擦係数を下げ表面の損傷を防ぐ方法として，物体の表面にプラスチックや固体潤滑剤など，自己潤滑性のある物質を被服する方法がある．これを固体潤滑という．

● 5.3 すべり軸受の種類

　すべり軸受の種類を潤滑状態によって分けると，表 5.1 のように分類できる．

表 5.1　すべり軸受の種類

潤滑状態	軸受の種類	軸受材料	用　途	すべり速度
固体潤滑（無潤滑）	自己潤滑軸受	低摩擦材を用いた軸受　樹脂：四フッ化エチレン（PTFE），ポリアミド（PA），フェノール（PF）など　軟質金属：鉛，スズ，亜鉛，金,銀	AV機器，OA機器，家電品，自動車部品，水中ポンプ	〜0.01 m/s
		固体潤滑剤を付加した軸受　固体潤滑剤：グラファイト，二硫化モリブデン（MoS_2），六方晶窒化ホウ素(h-BN)	モータブラシ，ケミカルポンプ，橋梁支承	
境界潤滑	含油軸受	含油焼結金属，含油グラファイト	自動車，家電品，AV機器，OA機器，工作機械	0.01〜0.1 m/s
混合潤滑	潤滑油使用軸受（動圧型油潤滑軸受）	樹脂，鋳鉄，リン青銅，鉛青銅，グラファイト	射出成形機，自動車，印刷機械	0.1〜1 m/s
流体潤滑	潤滑剤使用軸受：動圧型，静圧型（油潤滑,水潤滑,気体潤滑）	油動圧軸受：鋳鉄，リン青銅，鉛青銅，ケルメット，ホワイトメタル，アルミニウム合金など　そのほかの軸受：合金鋼（水潤滑の場合さびないもの），セラミックス，アルミニウム合金（表面硬化処理が必要）	発電機，タービン，送風機，工作機械，情報機器，AV機器，自動車	1〜10 m/s

5.3.1 固体潤滑軸受（自己潤滑軸受）

　固体潤滑剤は，それ自体に摩擦低減作用をもつ材料であり，低速，軽荷重での使用（AV，OA 機器，家電品，自動車部品）や，保守がなくても数十年以上の使用に耐える必要がある場合（橋梁部品），潤滑油を使用できない場合（宇宙空間など），接触部において潤滑油が不足しがちな場合に用いられる．概して，すべり速度が小さく，摩擦熱があまり発生しない箇所に用いられる．固体潤滑剤としては，以下のようなものが挙げられる．

層状構造体：グラファイト (C)，二硫化モリブデン (MoS_2)，二硫化タングステン (WS_2)，六方晶窒化ホウ素 (h-BN)
樹脂：四フッ化エチレン (PTFE)，ポリアミド (PA)，ナイロン，フェノール (PF)
軟質金属：鉛，スズ，亜鉛，金，銀

　これらの固体潤滑剤のうち，一般には，プラスチック系材料を用いた軸受が多用されており，プラスチック系材料には，おもに表 5.2 に示すような形式がある．

表 5.2　プラスチック系すべり軸受材料の形式

材料形式	特　徴	構造図
固体潤滑剤分散型	プラスチックに，グラファイトなどの固体潤滑剤や潤滑油などを配合し，分散させた材料で，形状加工が容易なことから，もっとも多く使用されている．	分散潤滑剤
被覆型	金属の基材表面に，PTFE やグラファイトなどの固体潤滑剤によってコーティング膜を形成したもの．種々の箇所へのコーティングが可能なことから，特定箇所の摺動性向上などに使用される．	潤滑被膜
複層型	裏金と金属粉末焼結層とプラスチック層の複層構造からなる材料である．金属層を使用していることから放熱特性に優れるため，分散型に比して高負荷までの使用に耐える．	潤滑層　中間層
メッシュ型	金属メッシュのすきまに，PTFE などの固体潤滑剤を含浸したもので，金属メッシュの柔軟性を利用し，軸受すきまを小さくし，がたつきをなくすことができる．	潤滑剤　メッシュ材

5.3.2 境界・混合潤滑領域のすべり軸受

　境界・混合潤滑領域のすべり軸受は，油で潤滑することを基本とするが，すべり面に十分な油が供給できないような場合に用いる軸受である．したがって，軸受材料として，すべり面同士が接触しても焼き付き（すべり面同士がくっついてしまうこと）を起こさない，摩耗が少ない，疲労強度が高いことなどが必要となる．このような材料としては，銅合金，アルミ合金，樹脂があり，図 5.5(a) に示すように，軸受メタル表面に被覆して使用される．また，図 5.5(b) に示すようなグラファイトや銅系の焼結材（多孔質材）に油を浸み込ませた含油軸受がある．この軸受では，軸が回転すると油膜圧力の関係から軸受内から油がしみ出し，停止するとまた軸受内に戻るようになっている．転がり軸受に比べ騒音が小さいことから，自動車，家電品（洗濯機，扇風機），AV・OA 機器に広く使用されている．また，JIS B 1582 に，寸法などの規定がある．

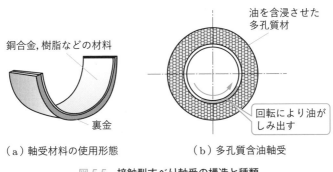

（a）軸受材料の使用形態　　　　　（b）多孔質含油軸受

図 5.5　接触型すべり軸受の構造と種類

5.3.3 流体潤滑領域のすべり軸受

(1) 動圧型流体潤滑軸受の種類

　流体潤滑領域で使用できるすべり軸受（流体潤滑軸受）は，流体膜圧力の発生方法によって，動圧型と静圧型の 2 種類に分類することができる．

　動圧型流体潤滑軸受は，軸の運動を利用することによって，潤滑膜内に圧力を発生させる軸受をいう．膜内に圧力を発生させるための方法は，絞り膜効果を利用するものと，くさび膜効果を利用するものの 2 種類ある．図 5.6 に，その原理図を示す．

　絞り膜効果では，軸が軸受面に垂直に近づくとき，その間にある潤滑流体が粘性

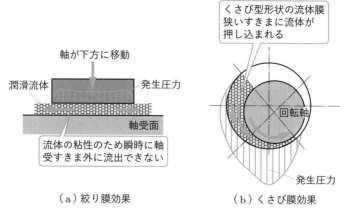

（a）絞り膜効果　　　　　　　　（b）くさび膜効果

図 5.6　動圧型流体潤滑軸受における圧力発生の原理

をもっているために，瞬時にそのすきまから外に出ることができないことで圧力が発生する．

　くさび膜効果では，軸と軸受面の間にできるくさび膜状のすきまに，軸の回転によって潤滑流体が押し込まれることによって圧力が発生する．通常の動圧型の流体潤滑軸受は，この効果によって圧力を発生させ，軸に加わる荷重を支持している．くさび膜効果を用いて軸を支持する軸受としては，種々の形状のものが提案されている．

(2) 動圧型流体潤滑軸受用材料

　この種の軸受では，軸運動中には，軸と軸受面は潤滑流体によって完全に分離されるが，軸の回転開始時や停止時などには，軸と軸受の接触は避けられない．また，エンジン用軸受のように，衝撃的な荷重が繰り返されるような場合においては軸運動中でも接触の可能性がある．よって，流体潤滑軸受といえども，接触の可能性を考えて材料が選定されている．一般に，流体潤滑用のすべり軸受材料に必要とされる特性は，表 5.3 のように整理される．すべり軸受材料は，それ自体は比較的軟らかいものが多いので，一般には，図 5.7 に示すように基礎となる軸受メタルの上に軸受材を被覆して使用する．最近では，2 層あるいは 3 層にライニングやオーバレイといわれる表面層を被覆して使用することが多い．表 5.4 に，代表的なライニング用のすべり軸受材料を示す．

表 5.3 流体潤滑用すべり軸受材料に必要とされる特性

特性の種類	要求特性	特性の内容
負荷能力 （強さ，硬さ）	耐疲労性	繰り返し加わる荷重に対して疲労破壊が生じにくいこと
	耐高面圧性	大きな荷重が加わっても十分耐えうる強さをもつこと
	耐摩耗性	摩耗しにくいこと
	耐キャビテーション性	軸受すきま内に発生するキャビテーションにより損傷しないこと
	耐高温特性	回転による発熱などにより，材料が軟化しないこと
順応性 （軟らかさ）	なじみ性	軸が傾いて片当たりをする場合など，軸の状態にならって変形し，軸を損傷しないこと
	異物埋収性	潤滑油中にゴミなどの異物が入った場合，軸や軸受表面を傷つけないように，ゴミを軸受材料内に埋収できること
	耐焼き付き性	固体接触が局部的に生じても焼き付きにくいこと
化学特性	耐食性	耐食性物質や油中硫黄分などと反応しにくいこと

相反する特性

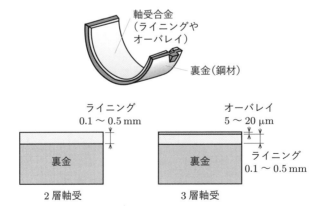

図 5.7 すべり軸受の構造

表 5.4　ライニング用すべり軸受材料の種類

材料の種類		特　徴
銅合金	銅－鉛系	ケルメット(Pb:20～30%，Cu)とよばれ，耐圧性，剛性に優れるため，内燃機関に使用されることが多い．しかし，なじみ性，焼き付き性に劣る
	青銅－鉛系	青銅マトリックス中に鉛が分散している材料で，なじみ性には劣るが耐荷重性，耐摩耗性に優れる．内燃機関に使用されることが多い
アルミニウム合金	Al－Sn系	耐食性に優れ，中程度のなじみ性，異物埋収性，耐疲労性をもつ
	Al－Sn－Si系	クランク軸（球状黒鉛鋳鉄）に対して耐疲労性，耐焼き付き性に優れる．なじみ性，異物埋収性，耐食性も兼ね備える
	Al－Si系，Al－Zn－Si－Cu系	高い機械的強度を示すが，なじみ性，異物埋収性に劣る
ホワイトメタル	スズ基ホワイトメタル	比較的機械的性質に優れ，良好ななじみ性，耐焼き付き性，耐食性を示す．ほかのライニング材料に比べ，耐熱性に劣る
	鉛系ホワイトメタル	価格が安く，親油性に優れるが，耐熱性，耐食性に劣り，用途が限定される
オーバーレイ(表面層)	スズ基，鉛基	各種合金の上に被覆され，なじみ性を改善する

(3) 精密機器用動圧型流体潤滑軸受

　流体潤滑軸受に支持された軸は，流体膜内に発生した圧力によって，完全非接触で支持される．そのため，流体潤滑軸受によって支持された軸は，非常に高い回転精度を実現できる．この利点を生かして，流体潤滑軸受は，精密加工機や各種精密機器に数多く応用されるようになってきている．

　図 5.8 には，ハードディスク (HDD) 用の動圧型油潤滑軸受の例を示す．動圧型軸受では，軸の回転によって流体膜内に圧力を発生させる必要があることをすでに述べたが，HDD に用いられる軸受には，圧力を発生させるために，多数の斜め溝が設けられている．ジャーナル軸受の場合，展開した溝形状がニシンの骨に似ていることから，ヘリングボーン (Herringbone：ニシンの骨) 溝とよばれる (図 5.9)．また，スラスト軸受では，溝がらせん状になっていることから，スパイラル (Spiral) 溝とよばれている．この種の軸受では，軸が回転することにより，溝にそって流体が軸受内に押し込まれることになり，溝はポンプの役割を果たす．このような効果を，粘性ポンプ効果という．HDD 用の軸受には高い記録密度が必要となるため，ナノメートルオーダーの良好な回転精度が得られる流体潤滑軸受が数多く使用されている．

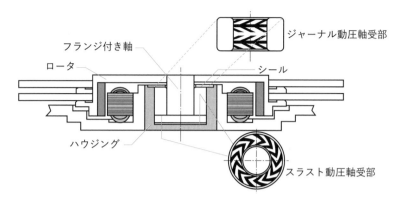

図 5.8　ハードディスクドライブ用動圧型流体潤滑軸受[1]

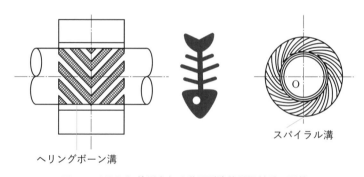

図 5.9　HDD に使用される動圧型流体潤滑軸受の形状

(4) 静圧型流体潤滑軸受

　静圧型流体潤滑軸受では，動圧型と異なり，軸受外から加圧流体を軸受内に導入し，その圧力を利用して軸荷重を支持する．したがって，静圧型軸受では，外部にポンプなどの加圧流体の供給源をもつ必要がある．最近，静圧型軸受の潤滑流体として空気を用いる場合があり，そのクリーン性，低摩擦性を生かして，とくに半導体関連の加工機や精密測定器，高速回転スピンドルなどに多用されている．

　図 5.10 に静圧空気軸受の原理図を示す．静圧軸受の軸受すきまは，一般には，数 μm〜数十 μm と大変小さい．静圧型空気軸受では，軸受外からコンプレッサなどを使って加圧空気を軸受内に送り込む．この際，絞りとよばれる空気流の抵抗となる部分を，空気が軸受すきまに流入する手前に挿入する．この絞りを入れることによって，図 5.11 に示すように，軸受すきまが小さくなると絞り出口の圧力が上昇

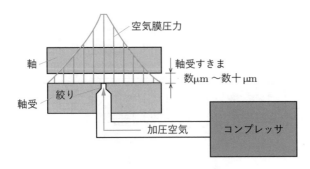

図 5.10　静圧空気軸受の原理図

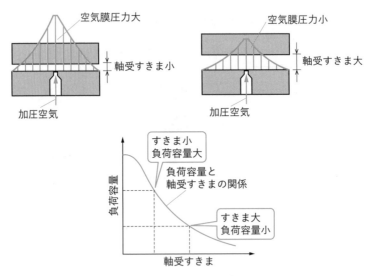

図 5.11　軸受すきま内の圧力と軸受すきまの関係

し，すきま内全体の圧力が上昇する．逆に，軸受すきまが大きくなると，絞り出口の圧力が低下し，すきま内全体の圧力も低下する．これによって，軸受に加わる負荷荷重と空気膜内圧力が釣り合い，軸受に支持される物体は，ある軸受すきまの位置でとどまることになる．また，負荷が増すと，すきまの小さいところで釣り合い，負荷が下がると，すきまの大きいところで釣り合う．

(5) 流体潤滑軸受に要求される特性

剛 性

　流体潤滑軸受は，精度の高い機器に使用されることが多いことから，外力が加わった場合の軸受すきまの変化量をなるべく小さくできるよう設計される．このような外力の変化量 ΔW とすきまの変化量 Δh の関係を表す量を剛性とよび，一般に剛性 k は次式で与えられる．

$$剛性 k = -\frac{外力の変化量}{軸受すきまの変化量} = -\frac{\Delta W}{\Delta h} \quad [\mathrm{N/\mu m}] \tag{5.1}$$

式 (5.1) より，剛性 k が大きいと，軸受すきまを $1\,\mu\mathrm{m}$ 変化させるために，より大きな外力を加える必要があることがわかる．

減衰性

　図 5.12 に，軸受に衝撃的な力が加わったときの軸の運動を，減衰が大きい場合と小さい場合に分けて示す．減衰性が大きいと軸の振動がすぐに減衰するのに対し，小さい場合には，振動はすぐには収まらない．減衰性は，変動外力を受ける場合や，$\mu\mathrm{m}$ オーダーや nm オーダーの精度を必要とするような精密機器には重要な特性である．

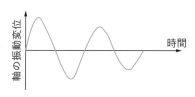

（a）減衰性が小さい場合

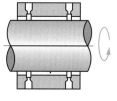

（b）減衰性が大きい場合

図 5.12　軸受の減衰特性

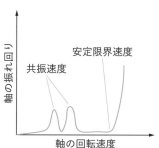

図 5.13　高速回転における軸受の不安定振動

高速安定性

　図 5.13 に示すように，流体潤滑軸受で支持された軸を高速で回転させると，共振速度を超えたある回転数で，急激に軸の振れまわりが大きくなる．これは 1/2 ホワールとよばれる不安定現象で，このまま回転数を上げ続けると，軸と軸受が接触し，焼き付いてしまう．これは，動圧型，静圧型の流体軸受にともに生じる現象であり，高速で流体潤滑軸受を使用する場合には，安定限界速度を精度よく予測しておく必要がある．

　これらの特性は，軸受すきま内の圧力を支配する偏微分方程式 (Reynolds 方程式) を数値的に解くことによって得ることができる．よって，設計に際しては，通常，数値計算結果が用いられることが多い．

5.4　すべり軸受の設計パラメータ

　すべり軸受を選定あるいは設計するには，すべり軸受の特性を支配するいくつかの設計パラメータを考慮する必要がある．

(1) 面圧（単位面積あたりに加わる荷重）p, すべり速度 V, pV 値

　すべり軸受では，材料や使用条件などによって許容できる面圧（許容圧力）p やすべり速度（許容速度）V に限界がある．固体潤滑領域や境界・混合潤滑領域で使用する軸受では，軸受材料によって使用可能な p や V の最大値が設定されているほか，両者の積である pV 値（圧力速度係数とよぶ）によってもその限界値が設定されている．したがって，この種の軸受では，図 5.14 に示す水色の網掛け部の領域に

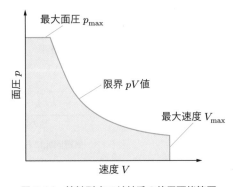

図 5.14　接触型すべり軸受の使用可能範囲

入るように，軸受材料や寸法を選ぶ必要がある．p などの使用可能範囲については，それぞれの軸受メーカのカタログに明記されている．

面圧 p の値は，軸受荷重を P とすると，軸受直径 d，軸受幅 l を用いて以下のように表される．

$$p = \frac{P}{dl} \tag{5.2}$$

すべり速度 V は軸回転数を $N\,[\mathrm{min}^{-1}]$ とすると

$$V = \frac{2\pi N}{60} \times \frac{d}{2} \tag{5.3}$$

と表される．また，pV 値に軸と軸受間の摩擦係数 μ を乗じると，

$$\mu pV = \mu p \times V = 単位面積あたりの摩擦力 \times 速度$$
$$= 単位面積あたりの摩擦仕事\ Q \tag{5.4}$$

となり，摩擦仕事 Q が得られる．この摩擦仕事は軸受の消費動力に相当し，熱に変換されるため，pV 値が大きくなると温度上昇による軸受の焼き付きの原因となる．

流体潤滑領域で使用するすべり軸受の場合，ここで示した設計パラメータのほかに，次の (2)〜(4) に示すパラメータを考慮して軸受の設計をする必要がある．

(2) $\eta n/p$ 値（無次元数）

回転軸を支持するすべり軸受において，パラメータ $\eta n/p$ 値は油膜の厚さに関係している．n は 1 秒あたりの回転数 $[\mathrm{s}^{-1}]$ である．軸受の焼き付きを防ぐうえでは，軸受面と回転軸面との間に一定以上の油膜厚さを維持することが必要であるため，最小許容 $\eta n/p$ 値が設定されている．

(3) すきま比 c/r

軸受半径 r に対する軸受すきま c の比を表す．通常，0.0005〜0.001 の値をとり，比較的高い精度を必要とする場合には小さい値を，高速で回転するなど冷却を必要とする場合には大きな値を用いる．

(4) 幅径比 l/d

軸受幅 l と軸受直径 $d = 2r$ の比を表す．0.5〜2.0 の値をとるが，一般に，単位面積あたりの荷重を小さくしたい場合には，大きい l/d 値を選択する．また回転軸のたわみや片あたりによる焼き付きを考慮しなければならない場合には，小さな値を

表 5.5　**軸受設計資料**[2]

機械名	軸受	最大許容圧力 p [MPa]	最大許容圧力速度係数 pV [MPa·m/s]	適正粘度 η [mPa·s]	最小許容 $\eta n/p$ 値*1 (×10⁻⁸)	標準すきま比 c/r	標準幅径比 l/d
自動車用ガソリン機関	主軸受	$6^{*3}\sim25^{*4}$	400	7~8	3.4	0.001	0.8~1.8
	クランクピン	$10^{*2,3}\sim35^{*4}$	400		2.4	0.001	0.7~1.4
	ピストンピン	$15^{*2,3}\sim40^{*4}$	—		1.7	<0.001	1.5~2.2
往復ポンプ,圧縮機	主軸受	2^{*2}	2~3	30~80	6.8	0.001	1.0~2.2
	クランクピン	4^{*2}	3~4		4.8	<0.001	0.9~2.0
	ピストンピン	$7^{*2,3}$			2.4	<0.001	1.5~2.0
車両	軸	3.5	10~15	100	11.2	0.001	1.8~2.0
蒸気タービン	主軸受	$1^{*2}\sim2^{*4}$	40	2~16	26	0.001	0.5~2.0
発電機,電動機遠心ポンプ	回転子軸受	$1^{*2}\sim1.5^{*2}$	2~3	25	43	0.0013	0.5~2.0
伝動軸	軽荷重	0.2^{*2}		25~60	24.0	0.001	2.0~3.0
	自動調心	1^{*2}	1~2		6.8	0.001	2.5~4.0
	重荷重	1^{*2}			6.8	0.001	2.0~3.0
工作機械	主軸受	0.5~2	0.5~1	40	0.26	<0.001	1.0~4.0
打抜き機,シャー	主軸受	28^{*2}	—	100	—	0.001	1.0~2.0
	クランクピン	55^{*2}		100		0.001	1.0~2.0
圧延機	主軸受	20	50~80	50	2.4	0.0015	1.1~1.5
減速歯車	軸受	0.5~2	5~10	30~50	8.5	0.001	2.0~4.0

*1 設計の基準に用いるときは,安全のため,この値の 2~3 倍をとる.
*2 滴下またはリング給油　*3 はねかけ給油　*4 強制給油

選択する.

　表 5.5 に,種々の機器に使用されるすべり軸受の設計パラメータの値を示す.なお,$\eta n/p$ 値は,実際の設計では,安全のため,表に与えられた最小許容値の 2~3 倍の値に設定している.

> **例題 5.1**　回転数 $N = 800\,\mathrm{min}^{-1}$,軸受荷重 $P = 5000\,\mathrm{N}$ を受けるジャーナル軸受の直径 d と軸受面長さ l を求めよ.ただし最大許容圧力 p を 1 MPa,最大 pV 値を 2 MPa·m/s とする.
>
> **解**
>
> 許容軸受圧力の式 (5.2),許容速度係数の式 (5.3) を用いて,d, l を求める.
>
> $$p = \frac{P}{dl} = \frac{5000}{dl} = 1 \times 10^6$$
>
> $$pV = \frac{P}{dl} \times \frac{d}{2}\frac{2\pi N}{60} = \frac{P}{l} \times \frac{\pi N}{60} = \frac{5000}{l} \times \frac{\pi \times 800}{60} = 2 \times 10^6$$
>
> $$\therefore l = 0.105\,\mathrm{m}$$

許容圧力の式から d を求めると,

$$d = 0.048\,\text{m}$$

となる. よって, 軸の直径を示す表 3.1 より, $d = 50\,\text{mm}$ とする. d の値として計算結果より大きな値を選定したが, これにより p が低下すること, d は pV 値には影響しないことから, $50\,\text{mm}$ としても問題はない.

例題 5.2 例題 5.1 の軸受を用いて, $\eta n/p$ の最小許容値が 90×10^{-8} となるためには, 潤滑油の粘性係数 η をいくら以上とすればよいか.

解

$$\frac{\eta n}{p} = \frac{\eta \times 800/60}{1 \times 10^6} = 90 \times 10^{-8}$$

$$\eta = \frac{90 \times 10^{-8} \times 60 \times 1 \times 10^6}{800} = 6.75 \times 10^{-3}\,\text{Pa·s}$$

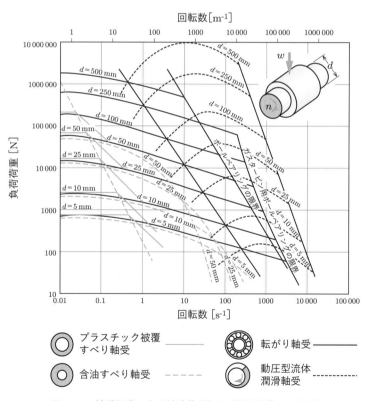

図 5.15 **軸受形式による軸受荷重および軸回転数の目安**[3]

　図 5.15 に，軸受形式による軸受荷重および軸回転数の目安を示した．ただし，静圧型の流体潤滑軸受は，荷重，回転速度のすべての領域で使用できる．

5.5　転がり軸受とすべり軸受との比較

　軸受形式としては，前章で示した転がり軸受と，本章で扱ったすべり軸受とがあることを説明した．これらの軸受は，その用途によって使い分けられることになる．表 5.6 に，転がり軸受とすべり軸受，磁気軸受の特性を比較して示した．磁気軸受は，電磁力によって軸を支持する軸受方式であり，位置検出センサによって軸位置を検出し，電磁石に流す電流値を制御している．

表 5.6　転がり軸受の特性を基準とした場合の各種軸受の特性比較

軸受形式	油あるいは水潤滑軸受		気体軸受		接触型 すべり軸受	磁気軸受
軸受特性	動圧型	静圧型	動圧型	静圧型		
運動精度	5	5	5	5	1	2
負荷容量	4	3	1	2	1	3
剛性	2	3	1	2	1	4
減衰性	5	5	3	3	3	4
温度上昇	1	2	5	5	1	5
クリーン度	3	3	5	5	2	5
軸受消費動力	2	2	5	5	1	3
製作容易性	2	2	1	1	4	1
保守	3	2	3	2	3	3
寿命	5	5	5	5	1	5
価格	2	1	2	1	4	1

　5：優れる　4：やや優れる　3：同程度　2：やや劣る　1：劣る

5.6　すべり案内

　すべり軸受においても，テーブルなどの直線運動を支持するための軸受があり，これをすべり案内とよんでいる．すべり案内にも，すべり軸受と同様に自己潤滑案内，境界・混合潤滑案内，流体潤滑案内（動圧型，静圧型）などの種類がある．ま

た，その使い方についても，表5.1に示したすべり軸受の例にならって，OA機器などの低速，軽荷重の案内では，自己潤滑案内あるいは境界潤滑案内，低中速，高荷重（衝撃荷重を含む）のものでは，混合潤滑あるいは流体潤滑案内が使用されている．また，静圧型の流体潤滑案内は，送りの運動精度が非常に高いことから，超精密加工機や精密測定器，半導体製造装置の送り機構に多用されている．表5.7に案内形式の特徴を示す．

表5.7 すべり案内の潤滑形式と種類

案内形式	構 造	長 所	短 所
すべり案内 （自己潤滑， 境界潤滑型）	固体潤滑剤, 含油潤滑剤 テーブル 案内面	・取り付けが容易 ・所要スペースが小さい	・剛性が小さい ・許容速度が小さい
すべり案内 （混合潤滑， 流体潤滑動圧型）	潤滑油 油膜	・剛性, 減衰性が高い ・摩耗調整が可能 ・所要スペースが小さい	・摩耗係数が大きい(0.1〜0.3) ・潤滑油の回収・保守が必要
すべり案内 （流体潤滑静圧型）	油圧, 空圧 油膜, 空気膜	・摩擦抵抗がほとんどゼロに等しい ・摩耗がない ・運動精度がきわめて良好	・空気静圧の場合, 減衰性, 剛性に劣る ・油静圧の場合, 油の回収・保守が必要
転がり案内	転動体	・摩擦係数が小さい(0.005程度) ・潤滑保守が容易 ・許容速度が大きい(100 m/min)	・流体潤滑動圧型のすべり案内に比べると, 剛性, 減衰性が低い ・組立に時間がかかる

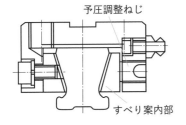
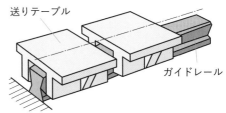

図5.16 すべり案内ユニット

　図 5.16 には，例としてユニット化されたすべり案内の例を示す．このすべり案内は，すべり軸受で構成された送りテーブルとガイドレールからなっている．ガイドレールを所定の位置に取り付け，送りテーブルをガイドレールに挿入するのみで一軸の送りテーブルを構成できる．許容最高速度 1.0 m/s 以内で，許容面圧 2.9 MPa 程度である．

・・・・・・・・・・・・・・・・・・・・・・・・・・　練習問題　・・・・・・・・・・・・・・・・・・・・・・・・・・

5.1　境界潤滑，混合潤滑および流体潤滑について説明せよ．

5.2　すべり軸受の種類を，潤滑状態と関連付けて説明せよ．

5.3　すべり軸受の材質に必要とされる性質と軸受構造について述べよ．

5.4　軸受用材料の例を挙げ，その特徴について簡単に述べよ．

5.5　表 5.5 に示す圧縮機の主軸受の設計条件として，加わる荷重を $P = 2000\,\mathrm{N}$，回転数 $N = 1500\,\mathrm{min}^{-1}$，軸直径 $d = 30\,\mathrm{mm}$，$l/d = 1.0 \sim 1.5$ とするとき，表 5.5 に示される最大許容圧力および最大 pV 値を満足するか調べよ．また，満足しない場合は設計条件を変更せよ．次に，$\eta n/p$ 値 $= 20 \times 10^{-8}$ とするとき，必要な粘性係数の大きさを求めよ．

5.6　表 5.5 に示す遠心ポンプ用軸受の設計資料を用い，ラジアル荷重 $P = 2000\,\mathrm{N}$ を受けるジャーナル軸受において，軸直径，軸受幅，回転数を決定せよ．ただし，l/d の値は約 0.75，最大許容圧力，最大 pV 値は資料で与えられた値以下とし，$\eta n/p$ 値は資料の値の約 2 倍の値としたいとする．

動力伝達要素

6.1 動力伝達の方法

　動力を伝達する方法には，表6.1に示すように種々のものがあり，それぞれに長所，短所をもっている．

　歯車伝動は，歯を組み合わせることで動力を伝達する．歯面をかみ合わせて動力を伝達するので，駆動軸から従動軸に，大きな動力を一定の回転数比で確実に伝達することができるが，歯面の精度がそのまま回転むらに影響する．また，歯面の摩耗を防ぐために，歯面の潤滑を適切に行う必要がある．

　巻き掛け伝動は，自転車のチェーンのように，動力を伝達しようとする2点間の距離が離れている場合に使用される．種類としては，摩擦を利用して動力を伝達する平ベルトやVベルト，歯のかみ合いを利用する歯付きベルトやチェーンがある．

　摩擦駆動は，摩擦車を接触させ，その摩擦力を利用して動力を伝達する．最近では，自動車用の無段変速機 (CVT) に使用されているが，回転数比を連続的になめらかに変えられるという特徴がある．また，各部品形状を高精度に仕上げることができることから，運転が静かで低速から高速までの運転が可能である．しかし，従動側の負荷が大きくなるとすべりが大きくなり，正確な回転を伝達できなくなる．また，大きな動力を伝達するためには，押しつけ力を大きくする必要があり，摩擦車などの寿命が問題となる．

6.2 歯車の種類

　歯車は，上に述べたように，円板の円筒面に設けられた歯を組み合わせることによって，確実に動力を伝達できる機械要素として広く用いられている．歯車の起源

表 6.1　**動力伝達要素の種類**

種　類	構　造	長　所	短　所
歯　車		・駆動軸から従動軸に一定の角速比を伝達できる ・連続的な回転運動を確実に伝達できる ・低速から高速まで対応可能 ・小荷重から大荷重,変動荷重など種々の荷重に対応可能	・振動,騒音がある ・一般には,注文生産品であり,高価になる
巻き掛け伝動(摩擦利用：平ベルト,Vベルト)		・2軸間の距離が長い場合に使用できる ・規格化されており,安価である ・潤滑を必要としない	・すべりが生じるので,正確な速比を伝達できない ・取り付けにある程度の空間を必要とする ・寿命が短い
巻き掛け伝動(歯のかみ合い利用：歯付きベルト,チェーン)		・歯のかみ合いにより,スリップがない ・歯付きベルトは,潤滑不要で,軽量,コンパクトである ・規格化されており,安価である	・チェーンは,騒音があり,潤滑を必要とする ・歯付きベルトは,プーリの重量が大きい ・急加減速に対応できない
摩擦車(トラクションドライブ)		・運転が静かで,伝動の起動・停止がなめらかである ・速比を連続的に変化させられる ・負荷が大きい場合,すべりを生じることで過大な動力を伝達しない	・すべりを生じるため,正確な速比を伝達できない ・摩擦車の接触部の寿命が問題となる ・各部品に高い形状精度が要求される

は明確ではないが,アリストテレス(紀元前384〜紀元前322年)の記事にあるといわれている.

　歯車は,表 6.2 に示すように,歯車軸の位置関係および歯すじ(歯の先端部)の形状によって分類される.おもな歯車の説明を以下に述べる.

平歯車：もっとも広く使われている歯車である.かみ合う歯車の軸は,互いに平行であり,歯すじが直線で,軸に平行になっている.よって,歯がかみ合った場合でも,軸方向の分力を生じない.しかし,歯車が回転した際,2対の

表 6.2 歯車の種類

歯車の分類	歯車の種類		
平行軸の歯車	平歯車 / ラック / はすばラック	はすば歯車	内歯車 / やまば歯車
交差軸の歯車	すぐばかさ歯車	まがりばかさ歯車	ゼロールかさ歯車
食い違い軸の歯車	円筒ウォームギヤ	ねじ歯車	

歯がかみ合っている区間と 1 対の歯がかみ合っている区間があり，円周方向剛性が変化するため，振動が起こりやすく騒音が大きい.

はすば歯車：かみ合う歯車の軸が，互いに平行で歯すじも直線であるが，軸に対して傾いている歯車である．歯が傾いているため，歯同士が接触している長さが長くなり，振動が小さくなる．また，歯幅が大きくなるため歯車の強度が大きいが，歯がかみ合った場合，軸方向の分力を生じる.

やまば歯車：はすば歯車を向き合わせて組み合わせた構造であり，歯車をかみ合わせた場合に，軸方向分力を生じさせないようになっている．しかし，加工精度を必要とし，製作が難しい.

すぐばかさ歯車：歯すじが円すいの頂点から引いた直線と一致する歯車で，2 軸の角度が 90° になっている歯車である．

歯車は，専門メーカから標準的な寸法のものが市販されているが，一般には，設計する機器に対応するように，設計者自身が歯車の形状，材料，精度などを決定し，生産を依頼しなければならない場合が多い．本書では，歯車の基本的な知識について記述することにし，実際に歯車を設計するために必要となる高度な内容については，ほかの専門書を参照されたい．

6.3　インボリュート歯車の基礎知識

6.3.1　インボリュート曲線とインボリュート関数

歯車の歯の形には，サイクロイド歯形，円弧歯形など種々の歯形があり，一般には，歯の形がインボリュート曲線をなすインボリュート歯形をもつ歯車（インボリュート歯車）が使用されている．インボリュート曲線は，図 6.1 に示すように，円筒に糸を巻き付けて，それをたるませることなく解くとき，糸の先端が描く曲線である．

インボリュート曲線を描くための基本となる円を基礎円といい，その直径を基礎円直径という．図 6.2 に示すように，その中心を O_1，O_2 とする二つの歯車をかみ合わせるとき，それぞれの基礎円直径を d_{b1}，d_{b2} とし，基礎円の共通接線を引いたとき，それぞれの円との交点を L_1，L_2 とする．また，直線 O_1O_2 と共通接線との交点を P とする．P 点をピッチ点，$O_1P = d_1/2$，$O_2P = d_2/2$ を半径とする円をピッチ円といい，その直径をピッチ円直径という．

また，$\angle PO_1L_1 = \angle PO_2L_2 = \alpha$ を圧力角とよぶ．この圧力角は JIS B 1701-1 に規定されており，20° となっている．従来，圧力角が小さいと歯車のかみ合いによって生じる騒音が小さいとされ，圧力角が 14.5° の歯車もあった．圧力角が小さい場合，通常，かみ合っている歯の数が 2 対以上になるので，振動が小さくなる．しかし，歯の強度は低下するため，現在は規定されていない．圧力角が 20° の場合，2 対の歯がかみ合っている区間と 1 対の歯がかみ合う区間が現れ振動が増えるが，歯の強度は大きくなるので，現在は圧力角が 20° の歯車が用いられている．

図 6.2 においてピッチ点を通るインボリュート曲線を描き，基礎円直径との交点

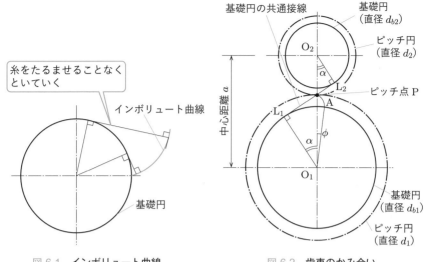

図 6.1 インボリュート曲線　　　　図 6.2 歯車のかみ合い

を A とする．このとき，$\angle PO_1A = \phi\,[\text{rad}]$ とすると，以下の関係が得られる．

$$\tan\alpha = \frac{PL_1}{L_1O_1} = \frac{PL_1}{d_{b1}/2} = \frac{d_{b1}(\alpha+\phi)/2}{d_{b1}/2} = \alpha + \phi \tag{6.1}$$

上式を整理すると，

$$\phi = \tan\alpha - \alpha \equiv inv\,\alpha \quad [\text{rad}] \tag{6.2}$$

式 (6.2) は，インボリュート関数 inv の定義式であり，$inv\,\alpha$ は角度 $\angle PO_1A$ を表す．

6.3.2 平歯車のかみ合いと各部の名称

(1) 中心距離

二つの歯車をかみ合わせるためには，歯車の中心間距離を決めなければならないが，図 6.2 に示すように，中心距離 a は，

$$a = \frac{d_1 + d_2}{2} \tag{6.3}$$

で与えられる．

また，図 6.2 から，基礎円直径 d_b とピッチ円直径 d との関係は，

$$d_b = d \cos \alpha \tag{6.4}$$

であることがわかる.

(2) 歯車のモジュール (JIS B 1702-2：2016)

ピッチ円直径から，中心距離を求められることを述べたが，ピッチ円直径と歯車の歯数，歯の大きさとの関係については，以下のようになっている.

いま，歯車の歯数を z とすると，ピッチ円上で一つの歯から次の歯までの円弧の長さは $\pi d/z$ となる．これを円ピッチ p といい，次の関係が得られる.

$$p = \frac{\pi d}{z} \tag{6.5}$$

このとき,

$$\frac{p}{\pi} = \frac{d}{z} \equiv m \qquad \text{(モジュール：単位 [mm])} \tag{6.6}$$

とおくと，歯数とモジュールを決めることにより，ピッチ円直径の大きさを決めることができる．モジュールは，円ピッチを決定する数値であるので，かみ合う相手側の歯車のモジュールも同じ値でなければならない．選びうるモジュールの値は JIS に規定されており，表 6.3 のようになっている．I 系列のモジュールを優先的に使用することが望ましい.

また，図 6.3 に示すように，モジュールは，歯の大きさを表す数値となっており，歯車の歯たけ（歯元のたけ $\geq 1.25m$ と歯末のたけ $= m$ の和）が，$\geq 2.25m$ [mm] となっている．歯元のたけには，かみ合う歯車の外周と歯底が接触しないように，頂げきとよばれるすきま $c (\geq 0.25m)$ の長さが含まれている．図 6.4 に，歯車の各部

表 6.3　**モジュールの標準値** (JIS B 1702-2)

I	II	I	II
1	1.125	8	9
1.25	1.375	10	11
1.5	1.75	12	14
2	2.25	16	18
2.5	2.75	20	22
3	3.5	25	28
4	4.5	32	36
5	5.5	40	45
6	(6.5)	50	
	7		

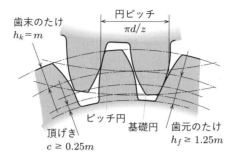

図 6.3　モジュール

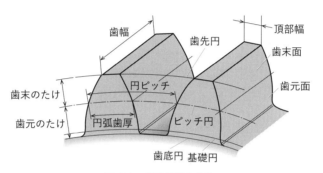

図 6.4　歯車各部の名称

の名称を示す.

　円ピッチ p はピッチ円の円周を歯数で除した値であるが,同様に基礎円の円周を歯数で除した値は法線ピッチ p_b とよばれ,次式で与えられる.

$$p_b = \frac{\pi d_b}{z} = \frac{\pi d \cos \alpha}{z} \tag{6.7}$$

歯先円直径 d_a は次式で与えられる.

$$d_a = d + 2m \tag{6.8}$$

(3) 歯車の回転数比

　図 6.2 からわかるように,歯車は,ピッチ円をもつ円筒が接しながら,すべることなく回転する機構と同じ回転比をもつと考えることができる.

　したがって,歯車 1(歯数 z_1)の回転数を $n_1\,[\mathrm{min}^{-1}]$ とするとき,歯車 2(歯数 z_2)の回転数 $n_2\,[\mathrm{min}^{-1}]$ は,以下のように与えられる.

　歯車 1 のピッチ円上の速度 v_1 は,歯車 2 のピッチ円上の速度 v_2 と等しくなけれ

ばならないので,

$$v_1 = \frac{d_1 \pi n_1}{60} = v_2 = \frac{d_2 \pi n_2}{60} \tag{6.9}$$

となる. よって,

$$\frac{n_2}{n_1} = \frac{d_1}{d_2} \tag{6.10}$$

となる. さらに $d_1 = mz_1$, $d_2 = mz_2$ を考慮すると,

$$\frac{n_2}{n_1} = \frac{z_1}{z_2} \tag{6.11}$$

という関係が得られ, 歯車の回転比は, 歯数比の逆数で与えられることになる.

例題 6.1　$m = 4$, 圧力角 20° の 1 対の平歯車がかみ合っている. 大歯車の歯数 $z_1 = 57$, 小歯車の歯数 $z_2 = 29$ であるとき, 大歯車のピッチ円直径, 基礎円直径, 歯先円直径, 円ピッチ, 歯車軸間の中心距離を求めよ.

解

大歯車のピッチ円直径:$d_1 = mz_1$ より, $d_1 = 4 \times 57 = 228\,\mathrm{mm}$

基礎円直径:$d_{b1} = d_1 \cos \alpha$ より, $d_{b1} = 228 \times \cos 20° = 214\,\mathrm{mm}$

歯先円直径:$d_{a1} = d_1 + 2m$ より, $d_{a1} = 228 + 2 \times 4 = 236\,\mathrm{mm}$

円ピッチ:$p = \pi d_1 / z = m\pi$ より, $p = 4 \times \pi = 12.6\,\mathrm{mm}$

中心距離:$a = (d_1 + d_2)/2$ より, $a = (228 + 4 \times 29)/2 = 172\,\mathrm{mm}$

6.3.3 インボリュート歯車の特徴

インボリュート歯車は, いろいろな機器に広く応用されているが, その理由は, 以下のような特徴をもつためである.

(1) 歯車の創成が容易

インボリュート歯車は, 図 6.5 に示すような直線状の歯をもつ歯切り用の工具（ラック）で製作することができるので, 高い形状精度をもつ歯車を容易に加工できる. 図 6.6 には, 歯形がわかりやすいように歯切り工具であるラック形工具が回転するように描かれているが, 実際の歯切り加工では, ラック形工具にそって加工部材のほうが回転する.

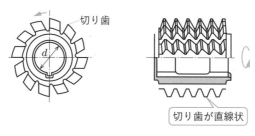

図 6.5 歯切り工具（ラック形工具）

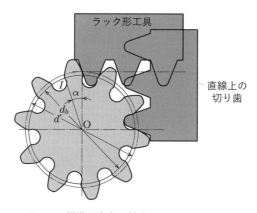

図 6.6 標準平歯車の創成 $(\alpha = 20°, z = 10)$

(2) 回転比が常に一定

駆動側の歯車 1 の回転数が一定とすると，従動側の歯車の回転数も常に一定の値となる．これは，以下のように説明することができる．

図 6.7(a) に示すように歯車 1, 2 がかみ合っているとすると，歯車の接触点は，両歯車の基礎円の共通接線 L_1L_2 上を移動する．このとき，歯車 1 が一定角速度 ω_1 [rad/s] で回転しているとすると，図 6.7(b) に示すように，Δt 秒ごとに共通接線上を $P_1, P_2, \ldots, P_n$ と移動していく．ここで，$\angle L_1 O_1 P_1 = \delta$, $O_1 L_1 = r_0$, $O_1 P_1 = r_1$, $O_1 P_2 = r_2$, ..., $O_1 P_n = r_n$ とする．このとき，点 O_1 を中心とする各点の回転速度 $v_1, v_2, \ldots, v_n$ は，

$$v_1 = r_1\omega_1 = \frac{r_0\omega_1}{\cos\delta}, \quad v_2 = r_2\omega_1 = \frac{r_0\omega_1}{\cos(\delta + \omega_1\Delta t)}, \quad \ldots,$$
$$v_n = r_n\omega_1 = \frac{r_0\omega_1}{\cos(\delta + n\omega_1\Delta t)} \tag{6.12}$$

となるが，これらの速度の共通接線上の速度を求めると，

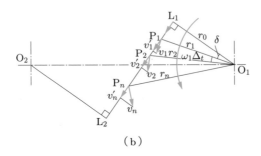

（a）歯車のかみ合い接触点の軌跡

（b）

（c）

図6.7　歯車のかみ合いと回転角速度

$$v_1' = v_1 \cos\delta = r_0\omega_1, \quad v_2' = v_2 \cos(\delta + \omega_1\Delta t) = r_0\omega_1, \quad \dots \text{(6.13)}$$

となり，共通接線上の歯車1の移動速度は，$r_0\omega_1$ で一定となることがわかる．

　次に，駆動側歯車1から従動側の歯車2への運動伝達は，共通接線上の一定速度 $r_0\omega_1$ によって行われるが，これにより，歯車2が一定角速度で回転することを示す．図6.7(c) のように，点 P_1, P_2 における歯車2の円周方向速度をそれぞれ V_1, V_2 とし，そのときの O_2 の角速度を Ω_1, Ω_2 とする．図から，

$$V_1 = R_1\Omega_1, \quad V_2 = R_2\Omega_2 \tag{6.14}$$

となる．ところで，速度 V_1, V_2 の共通接線上の速度成分が $r_0\omega_1$ に等しいことから，次の関係が得られる．

$$V_1 = \frac{r_0\omega_1}{\cos\theta_1}, \quad V_2 = \frac{r_0\omega_1}{\cos\theta_2} \tag{6.15}$$

さらに，幾何学的な関係から，

$$R_1 = \frac{R_0}{\cos\theta_1}, \quad R_2 = \frac{R_0}{\cos\theta_2} \tag{6.16}$$

となるので，式 (6.15)，式 (6.16) を式 (6.14) に代入すると，

$$\frac{r_0\omega_1}{\cos\theta_1} = \frac{R_0\Omega_1}{\cos\theta_1}, \quad \frac{r_0\omega_1}{\cos\theta_2} = \frac{R_0\Omega_2}{\cos\theta_2} \tag{6.17}$$

となることから，式 (6.17) より

$$\Omega_1 = \frac{r_0\omega_1}{R_0} = \Omega_2 \tag{6.18}$$

が得られ，点 P_1 と点 P_2 における角速度は同じであり，歯車 2 が一定角速度で回転することが導けたことになる．

(3) 歯車がかみ合っているときの力の方向は一定

図 6.8 に示すように，歯車の接触点の力の方向は，常に基礎円の共通接線上に向いている．したがって，歯車が回転しても，歯面に加わる力の方向が変化しないので，回転による歯車の振動を励起しない．この歯面の力 P_n [N] の方向と，ピッチ円の接線方向力 P [N] との間の角度は，圧力角 α となっており，

$$P_n = \frac{P}{\cos\alpha} \tag{6.19}$$

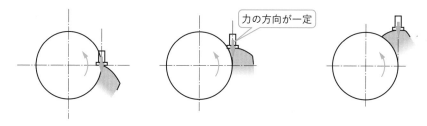

力の方向が一定

図 6.8 **インボリュート歯車の特性**

という関係がある．ピッチ円の接線方向力 P [N] が動力を伝達する力であり，歯車の角速度が ω [rad/s]，ピッチ円直径が d [m] であるとすると，伝達する動力 L [W] は，

$$L = \frac{Pd\omega}{2} \tag{6.20}$$

と与えられる．逆に，動力 L [W] を角速度 ω [rad/s] で伝達する歯車（ピッチ円直径 d [m]）の歯面には，

$$P_n = \frac{2L}{d\omega \cos \alpha} \tag{6.21}$$

の力が加わることになる．

(4) かみ合い率

図6.7(a) に示す歯車1，2は，かみ合い起点 E_2 において両歯車の歯面が接触し始め，かみ合い終点 E_1 で離れる．この E_1E_2 の長さをかみ合い長さという．平歯車のかみ合いでは，1対の歯がかみ合っている部分と2対の歯がかみ合っている部分とがあり，かみ合い率 ε とは，法線ピッチとかみ合い長さとの比で，次のように与えられる．

$$\text{かみ合い率 } \varepsilon = \frac{\text{かみ合い長さ } E_1E_2}{\text{法線ピッチ } p_b} \tag{6.22}$$

かみ合い率は，歯車の回転のスムーズさや伝達トルクの変化などに関係しており，一般的には 1.2 以上の値をとることが望ましい．

例題 6.2 図6.7(a) において，歯車1，2のピッチ円半径を r_1，r_2，歯数を z_1，z_2，モジュールを m，圧力角を α とするとき，かみ合い率 ε を求める式を導出せよ．

解 ....

図6.7(a) において，かみ合い長さ $\overline{E_1E_2}$ は，

$$\overline{E_1E_2} = \overline{E_1P} + \overline{PE_2} \equiv g_{a1} + g_{a2}$$

と表すことができる．また，法線ピッチは，

$$\text{法線ピッチ} = \frac{2\pi r_1 \cos \alpha}{z_1} = \pi m \cos \alpha \qquad (\because 2r_1/z_1 = m)$$

と与えられる．

図6.7(a) の $\triangle O_2L_2E_2$ において

$$\overline{O_2E_2}^2 = \overline{O_2L_2}^2 + \overline{L_2E_2}^2 \text{ より}$$

$$(r_2 + m)^2 = (r_2 \cos \alpha)^2 + (r_2 \sin \alpha + g_{a2})^2$$

が得られる．上式より g_{a2} を求めると，次のようになる．

$$g_{a2} = \sqrt{(r_2 + m)^2 - (r_2 \cos \alpha)^2} - r_2 \sin \alpha$$

$$= \sqrt{\left(\frac{mz_2}{2} + m\right)^2 - \left(\frac{mz_2 \cos \alpha}{2}\right)^2} - \frac{mz_2}{2 \sin \alpha}$$

同様にして，$\triangle O_1 L_1 E_1$ より g_{a1} を求めると，次のようになる.

$$g_{a1} = \sqrt{(r_1 + m)^2 - (r_1 \cos \alpha)^2} - r_1 \sin \alpha$$

$$= \sqrt{\left(\frac{mz_1}{2} + m\right)^2 - \left(\frac{mz_1 \cos \alpha}{2}\right)^2} - \frac{mz_1}{2 \sin \alpha}$$

式 (6.22) に g_{a1}, g_{a2}, 法線ピッチの式を代入すると，

$$\varepsilon = \frac{\sqrt{(r_1 + m)^2 - (r_1 \cos \alpha)^2} - r_1 \sin \alpha + \sqrt{(r_2 + m)^2 - (r_2 \cos \alpha)^2} - r_2 \sin \alpha}{\pi m \cos \alpha}$$

$$= \frac{\sqrt{(z_1 + 2)^2 - (z_1 \cos \alpha)^2} - z_1 \sin \alpha + \sqrt{(z_2 + 2)^2 - (z_2 \cos \alpha)^2} - z_2 \sin \alpha}{2\pi \cos \alpha}$$

が得られる.

6.4 歯車の精度

歯車は，動力を伝達する要素だが，回転を正確に静かに伝達することも要求されることが多い. そのためには，高い精度が必要となる. JIS B 1702-1 に円筒歯車（平歯車，はすば歯車）の歯面に関する精度，B 1702-2 に両歯面かみ合い誤差が規定されている. 図 6.9 に，歯車のおもな誤差を示す.

単一ピッチ誤差：歯車の歯は，本来，ピッチ円上に等間隔に配置されるべきであるが，実際には，加工誤差のため等間隔にはなっていない. このような実際の歯車におけるピッチ間隔と理論ピッチとの差を，単一ピッチ誤差という.

歯形誤差：実際の歯形は，インボリュート曲線から多少の誤差を生じており，このような誤差を歯形誤差とよぶ.

単一ピッチ誤差などの歯形に関係した誤差については，0 級〜12 級までの精度等級が規定されている.

両歯面かみ合い誤差： 歯車の精度としては，歯車をかみ合わせて 1 回転させた際の中心距離の変化量を示す，両歯面かみ合い誤差がある. この誤差には，4 級〜12 級までが規定されている.

両誤差ともに，等級の数が小さいほうが精度がよい.

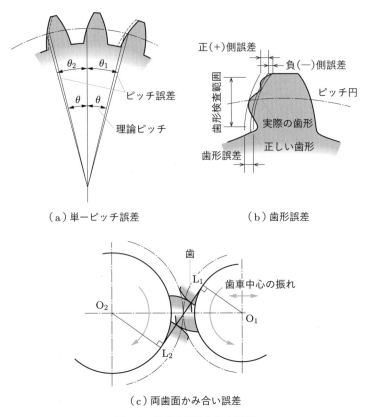

（a）単一ピッチ誤差　　　　　　　　（b）歯形誤差

（c）両歯面かみ合い誤差

図 6.9　歯車の誤差とその種類

6.5 歯車のバックラッシ

歯車の歯は，前節で述べたように，必ずしも理想的な形状に加工されているわけではなく，誤差を伴う．したがって，歯車同士をまったくすきまのない状態でかみ合わせると，形状誤差のために，歯車はスムーズに回転しない．かみ合っている歯車をスムーズに回転させるためには，図 6.10 に示すように，歯車間に形状誤差よりも大きいすきまを作る必要がある．これをバックラッシという．バックラッシには，法線方向（共通接線方向）：j_n，円周方向：j_t，中心距離方向：j_r の 3 種類があり，それぞれの関係は，以下のような式で与えられる．

$$j_r = \frac{j_n}{2 \sin \alpha} \tag{6.23}$$

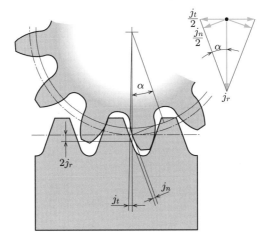

図 6.10　バックラッシとその方向（j_n：法線方向，　j_t：円周方向，　j_r：中心距離方向）

$$j_n = j_t \cos \alpha \tag{6.24}$$

　バックラッシを設ける方法としては，加工時に歯車の歯厚を小さくする方法と，中心距離を広げる方法がある．市販の歯車では，前者の方法をとっているものが多い．この場合，設計者は，式 (6.3) から得られる中心間距離を設定することで，バックラッシが作られるようになっている．バックラッシの推奨値は，日本歯車工業会規格 JGMA 1103-01 に与えられている．

　後者の中心距離を広げることによってバックラッシを確保する場合には，歯数がそれぞれ z_1, z_2 の二つの歯車をかみ合わせるとすると，次の式を用いることで，かみ合い圧力角 α_w を求めることができる．

$$inv\, \alpha_w = \frac{\pi}{z_1 + z_2}\frac{j_n}{p_b} + inv\, \alpha = \frac{1}{m(z_1 + z_2)}\frac{j_n}{\cos \alpha} + inv\, \alpha \tag{6.25}$$

上式において，$j_n = 0$ の場合は，$\alpha_w = \alpha$ となることは明らかである．

　中心距離は，次式で与えられる．

$$a = \frac{r_{b1} + r_{b2}}{\cos \alpha_w} = (r_1 + r_2)\frac{\cos \alpha}{\cos \alpha_w} = \frac{m}{2}(z_1 + z_2)\frac{\cos \alpha}{\cos \alpha_w} \tag{6.26}$$

ここで，r_{b1}, r_{b2} は，それぞれ歯車 1, 2 の基礎円半径である．なお，$inv\, \alpha_w$ の値から α_w の値を算出するには，数値的な繰り返し計算を必要とするので，以下に繰り返し計算を必要としない簡易計算式を与える．$inv\, \alpha_w = y$ とするとき，

$$\alpha_w = 0.1612 + 1.441\sqrt{-0.003677 + 1.388y} \quad (0.0062 \leq y \leq 0.015)$$

$$\alpha_w = 0.2153 + 1.029\sqrt{-0.01208 + 1.948y} \quad (0.015 \leq y \leq 0.030)$$

(6.27)

として，近似的に α_w の値を求めることができる．

例題 6.3 圧力角 $\alpha = 20°$，モジュール $m = 3$ で歯数が $z_1 = 25$，$z_2 = 47$ の二つの平歯車がかみ合っている．中心距離を広げることでバックラッシ $j_n = 0.25\,\mathrm{mm}$ を与えるとき，かみ合い圧力角 α_w と中心距離 a を求めよ．

解 ··

式 (6.25) に与えられた条件を代入すると，

$$inv\,\alpha_w = \frac{1}{m\,(z_1 + z_2)}\frac{j_n}{\cos\alpha} + inv\,\alpha = \frac{1}{3 \times 72}\frac{0.25}{\cos\left(\pi \cdot 20°/180°\right)} + inv\left(\pi\frac{20°}{180°}\right)$$

$$inv\left(\pi\frac{20°}{180°}\right) = inv(0.349) = 0.0149$$

$$inv\,\alpha_w = 0.0161$$

となる．上に与えた簡易計算式 (6.27) より α_w を求め，式 (6.25) より a を求める．

$$\alpha_w = 0.2153 + 1.029\sqrt{-0.01208 + 1.948y} = 0.358$$

$$a = \frac{(r_{b1} + r_{b2})}{\cos\alpha_w} = \frac{m}{2}\,(z_1 + z_2)\frac{\cos\alpha}{\cos\alpha_w} = \frac{3}{2} \times 72 \times \frac{\cos(0.349)}{\cos(0.358)} = 108.4\,\mathrm{mm}$$

⚙ **6.6** 転位歯車

歯車の歯数を少なくしていくと，理論上は歯数が 17 以下（実用上は 14 以下）になると，切り下げとよばれる，歯の歯元が削られる現象が現れる．歯車の歯元が削られると，歯の曲げ強度が低下し，大きな動力を伝達できなくなる．歯の切り下げを避けるために，転位という手段が用いられる．

6.6.1 歯車の正転位と負転位

図 6.11(a) に示すように，歯数が 12 の歯車にラック形工具で歯切りを行うと，標準平歯車では，ラック形工具の中心線と歯車のピッチ円を一致させて歯切りを行うので，歯車の歯元が削られてしまうことがわかる．そこで，ラックの中心線とピッチ円を一致させないで，ピッチ円よりも歯先に中心線をずらして歯切りをしてみると，図 6.11(b) に示すように，歯元が削られることなく，歯幅を広くとれることが

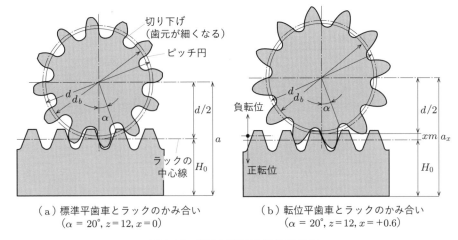

図 6.11 歯車の切り下げと転位歯車

わかる．このように，ラックの中心線を歯車中心から遠ざける場合を正転位，近づける場合を負転位という．また，ずらす量を転位量 xm [mm] といい，

$$転位量\ xm[\mathrm{mm}] = モジュール\ [\mathrm{mm}] \times 転位係数\ x \tag{6.28}$$

という関係を用いて，モジュールと転位係数で表す．

ただし，正転位を大きくしすぎると，歯先がとがる現象が現れるので，正転位量にも限界（とがり限界）がある．日本歯車工業会によって推奨されている転位係数の範囲を図 6.12 に示す．図中の S_a は歯先の頂部幅を示しており，$S_a = 0.5m$ は m の 0.5 倍の頂部幅が得られる限界を示している．

また，転位には，正転位することで歯厚を増し，歯の曲げ強度を高める効果があるほか，中心距離の調整やかみ合い率の改善ができるというはたらきがある．なお，転位の実施やバックラッシを考慮することで，かみ合い圧力角は 20° から変化する．よって，歯数がそれぞれ z_1, z_2 である歯車 1，歯車 2 に転位をとる場合，転位後のかみ合い圧力角は次式を用いて計算することになる．

$$inv\ \alpha_w = 2\tan\alpha\frac{x_1 + x_2 + j_n/(m \times 2\sin\alpha)}{z_1 + z_2} + inv\ \alpha \tag{6.29}$$

ここで，x_1, x_2 はそれぞれ歯車 1，歯車 2 の転位係数で，$x_1 + x_2 = x$ である．また，転位後の中心距離 a は，式 (6.26) を用いて計算すればよい．

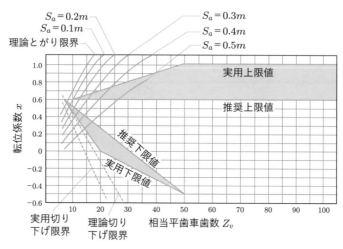

図 6.12 転位係数の推奨範囲[1]

例題 6.4 圧力角 $\alpha = 20°$，モジュール $m = 3$ で歯数が $z_1 = 25$，$z_2 = 47$ の二つの平歯車がかみ合っている．歯厚を小さくすることでバックラッシ $j_n = 0.25\,\mathrm{mm}$ を与えるとき，転位量，かみ合い圧力角 α_w と中心距離 a を求めよ．

解 ....

歯厚を小さくすることでバックラッシを設ける場合，中心距離は変化しない．よって，式 (6.26) より，$\alpha_w = \alpha$ が得られる．この関係を式 (6.29) に代入すると，

$$inv\,\alpha = 2\tan\alpha\left\{\frac{x_1 + x_2 + j_n/(m\times 2\sin\alpha)}{z_1 + z_2}\right\} + inv\,\alpha$$

となる．よって，

$$0 = x_1 + x_2 + \frac{j_n}{m\times 2\sin\alpha}$$

$$x_1 + x_2 = -\frac{j_n}{m\times 2\sin\alpha} = -\frac{0.25}{6\sin(0.349)} = -0.122$$

転位量がマイナスなので，図 6.12 から，推奨下限値を下回らないように歯車 2 のみの歯厚を小さくする．

歯車 1 の転位量 $= 0\,\mathrm{mm}$，　歯車 2 の転位量 $= 3\times(-0.122) = -0.37\,\mathrm{mm}$

6.7 歯車の強度

歯車が動力を伝達する際，その歯面には，式 (6.19) に導いたような力が加わる．この力に加え，機械にはいろいろな外力が加わるので，歯車に加わる力も一定では

なく，変動的な力や衝撃的な力が加わる．このような力が加わった場合における考慮すべき歯車の強度として，おもに曲げ強度と面圧強度がある．これらの歯車の強度は，歯車の材料，モジュールによって決定されるので，設計者は，これらを選定することになる．

6.7.1 歯車の材料

歯車材料のおもなものとして，炭素鋼や合金鋼，黄銅およびプラスチックが挙げられる．黄銅，プラスチックは大きな動力を伝達することはできないが，現在は，AV機器，OA機器など比較的軽荷重で，動力伝達よりは運動伝達を主とする場合に使用されることが多い．

(1) 鉄鋼材料

動力伝達用としては，炭素鋼（S 35 C～S 48 C）や合金鋼（SCM，SNCM，SCr）がおもに使用される．また，これらの材料は，強度を高めるために，適当な熱処理（焼入れ・焼戻し，浸炭，窒化）を施すのが一般的である．

(2) プラスチック材料

プラスチック材料は，鉄鋼材料に比べ硬さや強度の点で劣るが，そのほかの点で優位性があり，鋼製歯車をしのぐ個数が各種機械（化学，食品，家電，OA，精密など）に広く使用されている．表 6.4 に，プラスチック材料の特徴と使用上の注意事項を示す．

6.7.2 歯車の曲げ強度

歯車の曲げ強度の計算式は，1892 年にルイス（W. Lewis）によって提案されている．ルイスの式では，荷重が加わっている 1 枚の歯を，一端を固定したはり（片持ちはり）と考え，歯元に生じる曲げ応力を求めている．いま，図 6.13 に示すように，歯先面に垂直に加わる荷重 P_n を考え，P_n の作用線と歯の中心線の交点を点 O とする．さらに点 O を頂点とし，歯元曲線に内接する放物線を描き，その内接点を点 B, C とする．はりの高さを l，BC の長さを S_f とすると，はりに加わる曲げモーメントは，

表 6.4　プラスチック歯車の特徴

特　徴
・小型化が容易で軽い ・振動吸収性があるため，騒音が少ない ・薬品に侵されにくく，さびない ・自己潤滑性があるために，潤滑油なしの運転が可能である ・量産が可能なため，安価である

設計上の注意事項	
発熱	プラスチック材は熱伝導率が小さいので，温度が上昇しやすい．発熱が懸念される場合には，金属製歯車と組み合わせることにより，冷却効果を高めることができる
熱膨張と吸湿性	プラスチック材料は，熱膨張と吸湿性による寸法変化が大きい．したがって，バックラッシおよび中心間距離を大きくとる必要がある．目安として，バックラッシは，モジュールの 6 ～ 10% 程度にとる．中心間距離は，モジュールの 20% 程度をプラスして設定する
取り付けによる割れ	プラスチック歯車と軸を取り付ける際は，軸を D 字形に加工し圧入する方法が一般的である．その際，歯車の D 字形の穴に応力集中が起こるので，割れが生じないよう注意する
潤滑	低速，軽荷重の場合は潤滑を必要としないが，中荷重や効率の低いウォーム歯車の場合などには，グリース潤滑を行う
成形時のひずみ	プラスチックは，成形時の冷却速度の違いにより，形状が歪む．よって肉厚は均一とし，かつあまり厚くならないよう注意する
一体化成形	プラスチックは，成形時に複数の歯車を一体化して成形することができるので，工夫することにより，小型化とコスト削減が可能になる

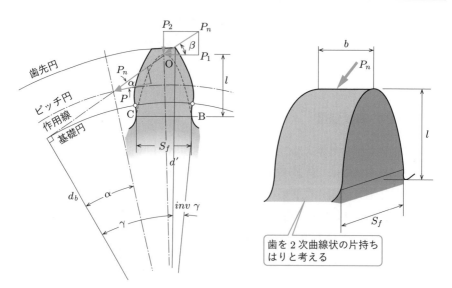

図 6.13　歯車の曲げ強度の考え方（Lewis の式）

$$M = P_1 l = P_n l \cos \beta \tag{6.30}$$

となり，歯幅を b とすると，歯元の曲げ応力 σ_b は，以下のように与えられる．

$$\sigma_b = \frac{6P_1 l}{bS_f^2} = \frac{6P_n l \cos \beta}{bS_f^2} \tag{6.31}$$

一方，ピッチ円上の伝達力 P は，$P = P_n \cos \alpha$ で与えられることから，上式より，

$$P = \sigma_b b \frac{\cos \alpha}{\cos \beta} \frac{S_f^2}{6l} \tag{6.32}$$

となる．さらに，モジュール m を式内に導入するために，$S_f = mS_f'$，$l = ml'$ という変数を考えることにより，

$$P = \sigma_b bm \frac{\cos \alpha}{\cos \beta} \frac{S_f'^2}{6l'} = \sigma_b bmy \tag{6.33}$$

と表す．ここで，y は歯形係数とよばれ，その値を表 6.5 に示す．

表 6.5　歯形係数 y

歯数 z	歯形係数 y	歯数 z	歯形係数 y	歯数 z	歯形係数 y
12	0.277	21	0.352	43	0.411
13	0.292	22	0.354	50	0.422
14	0.308	24	0.359	60	0.433
15	0.319	26	0.367	75	0.443
16	0.325	28	0.372	100	0.454
17	0.330	30	0.377	150	0.464
18	0.335	34	0.388	300	0.474
19	0.340	38	0.400	ラック	0.484
20	0.346				

　式 (6.33) は，歯車に加わる一定荷重と歯元の応力の関係を示したものであるが，歯車の曲げ強度を求めるためには，繰り返し荷重による疲労限度を求めるかたちに式を置き換える必要がある．また，ピッチ円上の周速 v の影響を考慮し，次のような式が提案された．

$$P = f_v \sigma_a bmy \tag{6.34}$$

ここで，f_v は速度係数であり，σ_a は許容繰り返し曲げ応力である．表 6.6，6.7 にそれぞれの数値を示す．また，歯幅 b は，一般には $b = 6m \sim 10m$ の値がとられる．

表 6.6　**速度係数** f_v

周速度 v [m/s] の範囲	歯車の工作精度	f_v の値
$0.5 \sim 10$	普通	$\dfrac{3}{3+v}$
$5 \sim 20$	精密	$\dfrac{6}{6+v}$
$20 \sim 50$	高精密	$\dfrac{5.5}{5.5+\sqrt{v}}$

表 6.7　**許容繰り返し曲げ応力** σ_a

材　質	記　号	引張り強さ [MPa]	許容繰り返し曲げ応力 [MPa]	材　質	記　号	引張り強さ [MPa]	許容繰り返し曲げ応力 [MPa]
鋳鉄品	FC 200 FC 250 FC 300 FC 350	170以上 220以上 270以上 320以上	70 90 110 130	ニッケルクロム鋼	SNC 1 SNC 2 SNC 3	750以上 850以上 950以上	350〜400 400〜600 400〜600
炭素鋼鋳鋼品	SC 420 SC 450 SC 480	420以上 460以上 490以上	120 190 200	青銅 リン青銅（鋳物） ニッケル青銅 （鍛造）		180以上 200以上 640〜900	>50 50〜70 200〜300
機械構造用炭素鋼	S 25 C S 35 C S 45 C	450以上 520以上 580以上	210 260 300	上ベークライト 牛生皮 堅木		— — —	30〜50 20〜45 20〜25

　さらに，実際の歯車の曲げ強度には，荷重のほかに種々の影響因子があり，歯車の強度を正確に予測するためには，それらの影響も考慮しなければならない．したがって，影響因子として何を考慮するかによって式の形が異なり，これまでに種々の強度式が提案されている．たとえば，ルイスの式，BS（イギリス国家規格）の式，AGMA（アメリカ歯車工業会）の式，JGMA（日本歯車工業会）の式，日本機械学会 (JSME) の式，ISO の式など，多数の式が提案されている．

　本書では，簡便な計算法として，ルイスの式と日本機械学会機械工学便覧の表を用いた方法を紹介する．なお，JGMA では，JGMA の規格（JGMA 401-01）および ISO に準拠した規格を，種々の影響要因を考慮した計算法として提示している．

6.7.3 歯車の面圧強度

　歯面にある一定以上の大きな繰り返し力が加わると，歯面あるいは歯面内部に小さなクラック（亀裂）が生じる．点在するクラックは，荷重が繰り返し加わるごと

に成長し，ついには，クラック同士がつながり合い，その部分が表面からはがれ落ちる．この現象をピッチングといい，歯面強度は，このピッチングに対する強度をいう．歯面強度は，図 6.14 に示すように，かみ合う歯車の面を曲率半径 ρ_1，ρ_2，縦弾性係数 E_1，E_2 をもつ二つの接触円筒に置き換えて考える．これにより，円筒の接触面圧 σ_d を Hertz の弾性接触理論 (1882) に基づいて計算でき，歯面強度が求められる．二つの円筒面の接触面圧 σ_d は，円筒に垂直荷重 P_n が加わるとき，次式で与えられる．

$$\sigma_d^2 = \frac{0.35 P_n (1/\rho_1 + 1/\rho_2)}{b(1/E_1 + 1/E_2)} \tag{6.35}$$

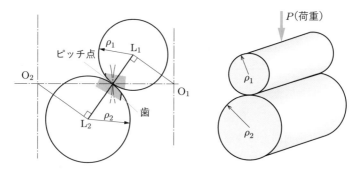

図 6.14　歯面強度の考え方（Hertz の弾性接触理論）

ここで，$\rho_1 = r_1 \sin\alpha$，$\rho_2 = r_2 \sin\alpha$，$P = P_n \cos\alpha$，$m = 2r_1/z_1 = 2r_2/z_2$ という関係を式 (6.35) に代入し，ピッチ円上の伝達力 P を求めると，

$$\sigma_d^2 = \frac{0.35 P_n (1/\rho_1 + 1/\rho_2)}{b(1/E_1 + 1/E_2)} = \frac{0.35 P \times 2m(1/z_1 + 1/z_2)}{\sin\alpha \cos\alpha \times b(1/E_1 + 1/E_2)}$$

$$P = \frac{\sigma_d^2 \sin 2\alpha}{1.4} b \left(\frac{1}{E_1} + \frac{1}{E_2} \right) m \frac{z_1 z_2}{z_1 + z_2}$$

$$= \frac{\sigma_d^2 \sin 2\alpha}{1.4} b \left(\frac{1}{E_1} + \frac{1}{E_2} \right) m \frac{z_1 z_2}{z_1 + z_2}$$

$$= \frac{\sigma_d^2 \sin 2\alpha}{2.8} b \left(\frac{1}{E_1} + \frac{1}{E_2} \right) m d_1 \frac{2z_2}{z_1 + z_2} \equiv k b d_1 \frac{2z_2}{z_1 + z_2} \tag{6.36}$$

となる．式 (6.36) においてピッチ円上の周速の影響を考慮すると，面圧強度は次式で与えられる．

$$P = f_v k b d_1 \frac{2z_2}{z_1 + z_2} \tag{6.37}$$

表 6.8　歯車材料の組み合わせと比応力係数 k

歯車材料		k [MPa]	歯車材料		k [MPa]
小歯車 （硬さHB）	大歯車 （硬さHB）	20°	小歯車 （硬さHB）	大歯車 （硬さHB）	20°
鋼 (150)	鋼 (150)	0.27	鋼 (400)	鋼 (400)	3.11
〃 (200)	〃 (150)	0.39	〃 (500)	〃 (400)	3.29
〃 (250)	〃 (150)	0.53	〃 (600)	〃 (400)	3.48
鋼 (200)	鋼 (200)	0.53	鋼 (500)	鋼 (500)	3.89
〃 (250)	〃 (200)	0.69	〃 (600)	〃 (600)	5.69
〃 (300)	〃 (200)	0.86	鋼 (150)	鋳鉄	0.39
鋼 (250)	鋼 (250)	0.86	〃 (200)	〃	0.79
〃 (300)	〃 (250)	1.07	〃 (250)	〃	1.30
〃 (350)	〃 (250)	1.30	〃 (300)	〃	1.39
鋼 (300)	鋼 (300)	1.30	鋼 (150)	リン青銅	0.41
〃 (350)	〃 (300)	1.54	〃 (200)	〃	0.82
〃 (400)	〃 (300)	1.68	〃 (250)	〃	1.35
鋼 (350)	鋼 (350)	1.82	鋳鉄	鋳鉄	1.88
〃 (400)	〃 (350)	2.10	ニッケル鋳鉄	ニッケル鋳鉄	1.86
〃 (500)	〃 (350)	2.26	ニッケル鋳鉄	リン青銅	1.55

ここで，k を比応力係数とよぶ．歯車材料と k の組み合わせを，表 6.8 に示す．

　上式から明らかなように，歯面強度もモジュールに関係しており，モジュールが大きくなるにつれ歯面同士の接触面積が増すため，同じ接触力であるならば，接触面圧が減少し，歯面強度が増すことになる．

　市販の歯車を用いる場合には，カタログ中に歯車の曲げ強度，面圧強度に対応させた許容トルクの値が記述されている場合もあるので，参考にするとよい．

例題 6.5　次の条件で 5.5 kW の動力を伝達するとき，標準平歯車のモジュールを求めよ．

　　歯車 1 ：材質 S 45 C (HB=200)，回転数 $n_1 = 450\,\mathrm{min}^{-1}$
　　歯車 2 ：材質 S 45 C(HB=200)，回転数 $n_2 = 150\,\mathrm{min}^{-1}$

とし，中心距離 $a ≒ 250\,\mathrm{mm}$，圧力角 $\alpha = 20°$ とする．

解

　与えられた歯車材料の条件から，表 6.7 および表 6.8 を用いて許容繰り返し曲げ応力 σ_a，および比応力係数 k の値を選ぶと，

$$\sigma_a = 300\,\mathrm{MPa}, \qquad k = 0.53\,\mathrm{MPa}$$

が得られる．

　また，回転数比より，歯車 1 と歯車 2 のピッチ円直径比および歯数比は，$d_1 : d_2 = z_1 : z_2 = 1 : 3$ となる．

　さらに，中心距離の式から，

$$a = \frac{d_1 + d_2}{2} = \frac{d_1 + 3d_1}{2} = 2d_1 ≒ 250\,\mathrm{mm} \qquad \therefore d_1 ≒ 125\,\mathrm{mm}$$

が得られる．式 (6.20) より，ピッチ円上の伝達力 P と動力との関係は，次のように求められる．

$$L = \frac{Pd_1}{2} \times \frac{2\pi n_1}{60}$$

$$\therefore P = \frac{L}{d_1/2 \times 2\pi n_1/60} = \frac{5500}{0.125/2 \times 2 \times 3.1415 \times 450/60} = 1867\,\mathrm{N}$$

ピッチ円上の周速度は，$d_1/2 \times 2\pi n_1/60 = 2.9\,\mathrm{m/s}$ となる．よって，速度係数は，$f_v = 3/(3+2.9) = 0.51$ となる．

次に，曲げ強度および面圧強度は，式 (6.34) および式 (6.37) によって与えられており，歯数比および $b = 10m$ を考慮し，それらを整理すると，

$$P = f_v \sigma_a b m y = f_v \sigma_a \times 10m^2 y$$

となる．歯形係数は表 6.5 に与えられた y の値の平均値を使用することとし，$y = 0.377$ を上式に代入すると，次式が得られる．

$$1867 = 0.51 \times 300 \times 10m^2 \times 0.377 \qquad \therefore m = 1.80$$

また，面圧強度の式に対しては，次のようになる．

$$P = f_v k b d_1 \frac{2z_2}{z_1 + z_2} = f_v k b d_1 \frac{2 \times 3z_1}{z_1 + 3z_1} = 1.5 f_v k b d_1$$

$$1867 = 1.5 \times 0.51 \times 0.53 \times 10m \times 125 \qquad \therefore m = 3.68$$

表 6.3 より，$m = 4$ とする．

6.8　はすば歯車

平歯車（図 6.15(a)）のかみ合いでは，かみ合い中に 1 対の歯がかみ合っている部分と 2 対の歯がかみ合っている部分とがあるため，歯車が受ける荷重変化が大きく，これが振動の原因にもなっている．そこで，図 6.15(b) に示すように，仮想的に薄い平歯車を軸方向に積み重ね，それらを円周方向に少しづつずらし，かみ合う歯車

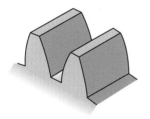
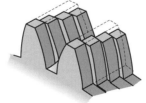
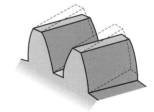

（a）平歯車　　　　　（b）薄板状の平歯車　　　　（c）はすば歯車

図 6.15　はすば歯車の概念

対の数を増やすことで，歯車の受ける荷重変化を抑制することができる．図 6.15(c)
に示すはすば歯車は，図 (b) の薄い平歯車を極限まで薄くした歯車といえる．した
がって，はすば歯車には，次のような特徴がある．

- 平歯車を軸にそって均一にねじった歯車（ピッチ円上のねじれ角：β）である
- 大きなかみ合い率が得られる
- かみ合いが円滑であり，振動，騒音が小さい
- 平歯車用のラック形工具を，ねじれ角分傾けて歯切りを行うことで創成できる
- 軸方向にアキシャル荷重を発生する（図 6.16 参照．はすば歯車を組み合わせた
  やまば歯車はアキシャル荷重を発生させない）
- 平歯車に比べ，軸に加わる負荷が複雑である
- ねじれ角が大きくなるほど，効率が悪くなる

　はすば歯車は，平歯車の歯すじをねじれ角 β だけ傾けたものと考えることができ
るため，強度設計では，ねじれ角 β の影響因子を考慮することで得られる相当平歯
車に対して計算を行えばよい．

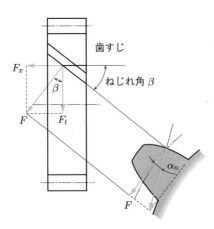

図 6.16　はすば歯車の歯に加わる力

6.9 歯車機構と回転数比

6.9.1 1段歯車機構

　歯車は，歯を組み合わせることで動力や運動を伝達し，1対の歯を組み合わせたもっとも単純な歯車機構を，1段歯車機構という．図 6.17(a) には，平歯車を組み合わせた例を示したが，ほかの歯車形式を組み合わせた場合も同様である．図に示すように，駆動側の歯車の歯数を z_1，回転数を n_1 とし，従動側の歯車の歯数を z_2，回転数を n_2 とすると，歯数比と，従動側の駆動側に対する回転数比は，以下のような関係となる．

$$\frac{z_1}{z_2} = \frac{n_2}{n_1} \tag{6.38}$$

ここで，

$$\frac{z_1}{z_2} = \frac{n_2}{n_1} < 1 \text{ の場合：減速歯車機構}$$

$$\frac{z_1}{z_2} = \frac{n_2}{n_1} = 1 \text{ の場合：等速歯車機構}$$

$$\frac{z_1}{z_2} = \frac{n_2}{n_1} > 1 \text{ の場合：増速歯車機構}$$

という．

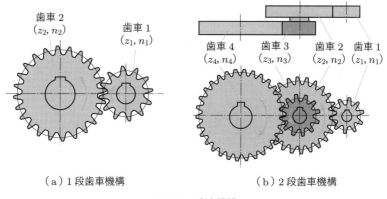

（a）1段歯車機構　　　　　　　（b）2段歯車機構

図 6.17　歯車機構

6.9.2 2段歯車機構

　図 6.17(b) に示すような形で 2 対の歯車をかみ合わせた機構を，2 段歯車機構という．ただし，歯車 2 と 3 は同じ軸に取り付けられていることから，回転数は同じになる $(n_2 = n_3)$．この場合の歯車 1 に対する歯車 4 の回転数比は，以下のようになる．

$$1 \text{ 軸から } 2 \text{ 軸への回転数比は，} \frac{n_2}{n_1} = \frac{z_1}{z_2} \tag{6.39}$$

$$2 \text{ 軸から } 3 \text{ 軸への回転数比は，} \frac{n_4}{n_3} = \frac{z_3}{z_4} \tag{6.40}$$

式 (6.39) と 式 (6.40) の各辺をかけ合わせると，

$$\frac{n_4}{n_3} \times \frac{n_2}{n_1} = \frac{z_3}{z_4} \times \frac{z_1}{z_2}$$

となる．ここで，$n_2 = n_3$ であることを考慮すると，

$$\frac{n_4}{n_1} = \frac{z_1 \times z_3}{z_2 \times z_4} \tag{6.41}$$

が得られる．

6.9.3 遊星歯車機構

　遊星歯車機構の構造を，図 6.18 に示す．機構の中央部に太陽歯車 A があり，そのまわりに 2 個以上の遊星歯車 B，遊星歯車軸を支えるキャリア，さらにその外側

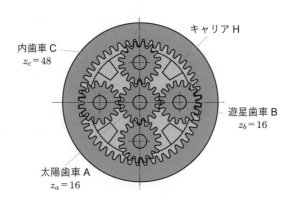

内歯車 C
$z_c = 48$

キャリア H

遊星歯車 B
$z_b = 16$

太陽歯車 A
$z_a = 16$

図 6.18　遊星歯車機構

に内歯車 C がある．遊星歯車機構の特徴としては，

- 2 個以上の遊星歯車を用いることから，個々の歯車への負荷分担が可能となり，装置の小型化が容易である
- 入力軸と出力軸を同一軸上に配置することができる

ことなどが挙げられる．このような特徴を生かして，自動車用減速機をはじめ，種々の機器に応用されている．

6.9.4 遊星歯車機構の種類と回転数比

遊星歯車機構には，入力軸，出力軸，運動を拘束する軸（補助軸）の 3 個の軸がある．これらの軸が，太陽歯車や内歯車（記号はともに K で表す），遊星歯車（記号 V），キャリア（記号 H）のいずれに連結されているかによって，遊星歯車の形式が分類されている．たとえば，2K–H 型は，2 軸が太陽歯車と内歯車に連結され，1 軸がキャリアに連結された歯車機構である．そのほかに，3K 型，K–H–V 型がある．また，2K–H 型においては，3 軸のうちどの軸を補助軸にするかによって，ソーラ型，スター型，プラネタリ型の 3 種類に分類されている．表 6.9 に，それらの型の構造と回転数比を示す．

表 6.9 遊星歯車の形式と速度比

形　式	プラネタリ型	ソーラ型	スター型
速度比 （$z_a = 16, z_b = 16$, $z_c = 48$ のときの回転数比）	$\dfrac{z_a}{z_a + z_c} = 0.25$	$-\dfrac{z_c}{z_a + z_c} = 0.75$	$-\dfrac{z_a}{z_c} = -0.33$
構　造	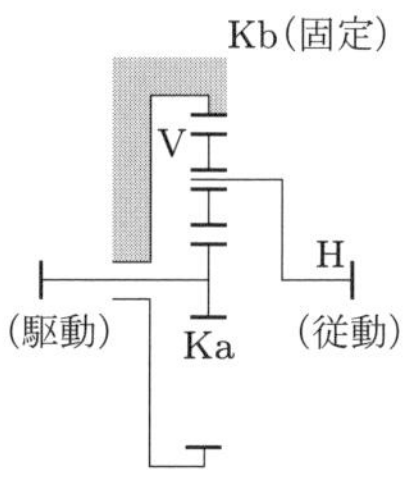	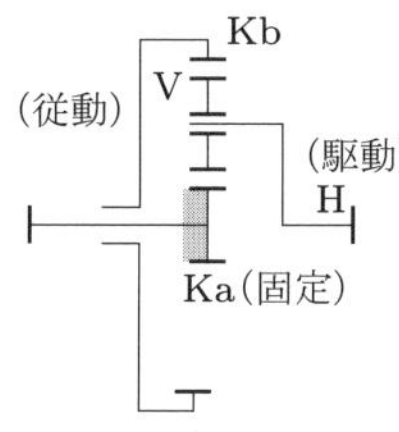	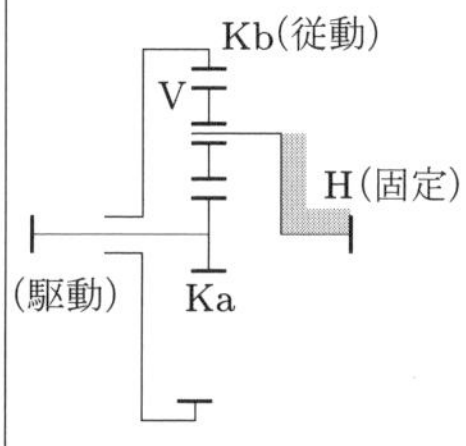

〈歯数〉太陽歯車 Ka：z_a，遊星歯車 V：z_b，内歯車 Kb：z_c，キャリア H

● *6.10* 巻き掛け伝動

巻き掛け伝動は，電動機などの駆動軸から離れた位置にある従動軸に，ベルトやチェーンを用いて動力を伝達するために用いられる．ベルトの種類としては，図 6.19 に示すように，平ベルト，V ベルト，歯付きベルトがあり，これらのベルトは，プーリといわれる円筒状の部品に巻き掛けて使用される．チェーンの場合は，スプロケットに巻き掛ける．これらの機械要素は，専用メーカにより製作されているので，設計者は，メーカカタログから仕様にあったものを選べばよい．また，選定に必要になるベルトの大きさや長さ，伝動能力などは，各メーカのカタログにその計算法が明記されているので，それを参照すればよい．また，最近では，数値を代入するだけで製品が選べるようなソフトウェアを準備しているメーカもある．

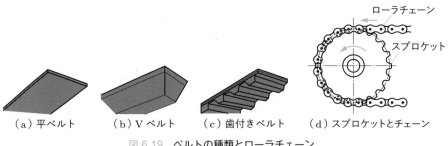

（a）平ベルト　　（b）V ベルト　　（c）歯付きベルト　　（d）スプロケットとチェーン

図 6.19　ベルトの種類とローラチェーン

6.10.1 平・V ベルト伝動

平ベルトや V ベルトは，プーリとベルト間の摩擦を利用して動力を伝達するので，ベルトが緩むと摩擦力が低下し，すべりを生じる．よって，十分な動力を伝達できるようにするため，図 6.20 に示すように，二つのプーリの間隔を広げることによって力を加え，ベルトに張力を生じさせる必要がある．二つのプーリのうち，大きいほうを大プーリ，小さいほうを小プーリとよぶ．

V ベルトは，図 6.21 に示すように，ベルトの端部でプーリとの間に摩擦力を生じさせるが，端部が傾いているために，プーリ壁からの反力 R によって平ベルトに比べて大きな摩擦力を生じさせることができる．よって，現在では，動力伝達用としては平ベルトよりは V ベルトが多用されている．なお，これらのベルトとプーリ間には，つねに微小なすべりが生じるため，回転運動を正確に伝達することは難しい．

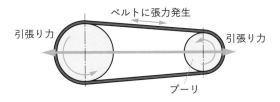

図 6.20 ベルト張力を与える方法

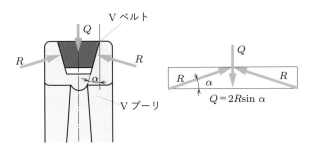

図 6.21 V ベルトの動力伝達

6.10.2 歯付きベルト

　図 6.22 に示すように，歯付きベルトは，チェーンと同様，歯の付いたプーリに巻き掛けて使用される．したがって，歯がかみ合うことで動力を伝達するので，平ベルトや V ベルトに比べて，正確な速度を伝達することができる．また，チェーンのように潤滑を必要とせず，かみ合う際の騒音も少ないことから，図 6.23 に示すように，自動車用エンジンのカム軸への伝動に使われている．さらに，歯付きベルトは，プーリの回転を制御することで，ベルトに取り付けられたものの位置を容易に制御できることから，OA 機器やコピー機などの送り装置に多用されている．歯付きベルトにおいても，ベルトに適当な張力を生じさせることは必要であるが，大きすぎ

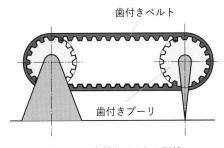

図 6.22 歯付きベルトの形状

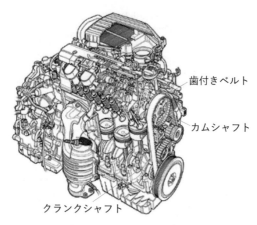

歯付きベルト

カムシャフト

クランクシャフト

図 6.23　自動車用エンジンへの歯付きベルトの適用例[2]

るとベルトの寿命が短くなる．また，小さすぎると，ベルトの歯がプーリの歯の上に乗り上げ，両者がかみ合わなくなる．ベルトの張力は，一般に，プーリ間隔を調節することで行うが，軸間距離の調整機構が付けられない場合には，図 6.24 のようにテンショナによって張力を与えることが可能である．しかし，ベルトの寿命を短くするという欠点がある．

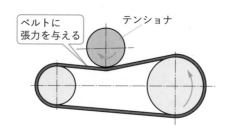

ベルトに
張力を与える

テンショナ

図 6.24　テンショナによるベルト張力の与え方

6.10.3 ベルトの取り付け誤差

プーリ間の相対的な取り付け誤差がベルトの寿命や運動性に影響するので，ベルトを取り付ける際には注意する必要がある．図 6.25 に，二つのプーリ間に生じる取り付け誤差の例と，その許容値を示す．

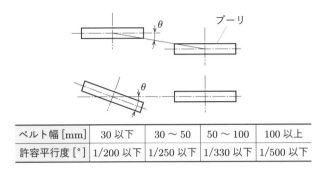

ベルト幅 [mm]	30 以下	30 ～ 50	50 ～ 100	100 以上
許容平行度 [°]	1/200 以下	1/250 以下	1/330 以下	1/500 以下

図 6.25　プーリの取り付け誤差

6.10.4 一般 V ベルトの選定法の手順 (JIS K 6323：2008)

V ベルトや歯付きベルトを用いて動力を伝達したい場合のベルト機構の設計法については，JIS にその選定手順が述べられている．ここでは，JIS をもとに一般 V ベルトの選定手順を示すが，ほかの巻き掛け伝動についてもほぼ同じ手順で選定される．

① **設計動力の算出**：次式のように，安全のため補正係数をかけて，設計動力を実際の動力よりも大きめに算出する．

$$P_d = P_N \times (K_0 + K_i) \tag{6.42}$$

ここで，P_d：設計動力 [kW]，P_N：負荷動力 [kW]，K_0：負荷補正係数，K_i：アイドラ補正係数である．

② **各係数の選定**：表 6.10 から K_0 の値を，表 6.11 から K_i の値を選定する．
③ **ベルトの種類と形式の選定**：設計動力と小さいほうのプーリの回転数によって，図 6.26 から種類などを決定する．

表 6.10　V ベルトを使用する機械の例および補正係数 K_0 (JIS K 6323 : 2008)

V ベルトを使用する機械の一例	原動機					
	最大出力が定格の300% 以下のもの			最大出力が定格の300% を超えるもの		
	交流モータ（標準誘導モータ，同期モータ）直流モータ（分巻）2シリンダ以上のエンジン			特殊モータ（高トルク）直流モータ（直巻）単シリンダエンジンまたはクラッチによる運転		
	運転時間			運転時間		
	断続使用1日，3〜5時間使用	普通使用1日，8〜10時間使用	連続使用1日，16〜24時間使用	断続使用1日，3〜5時間使用	普通使用1日，8〜10時間使用	連続使用1日，16〜24時間使用
撹拌機（流体）送風機（7.5 kW以下）遠心ポンプ，遠心圧縮機軽荷重用コンベヤ	1.0	1.1	1.2	1.1	1.2	1.3
ベルトコンベヤ(砂, 穀物)粉練り機送風機（7.5 kWを超えるもの）発電機大型洗濯機工作機械パンチ，プレス，せん断機印刷機械回転ポンプ回転，振動ふるい	1.1	1.2	1.3	1.2	1.3	1.4
バケットエレベータ励磁機往復圧縮機コンベヤ（バケット，スクリュー）ハンマーミル製紙用ミル，ビータピストンポンプルーツブロワ粉砕機木工機械繊維機械	1.2	1.3	1.4	1.4	1.5	1.6
クラッシャミル(ボール, ロッド)ホイストゴム加工機（ロール，カレンダー，押出機）	1.3	1.4	1.5	1.5	1.6	1.8

注記：始動・停止の回数が多い場合，保守点検が容易にできない場合，粉じんなどが多く摩耗を起こしやすい場合，熱のあるところで使用する場合および油類，水などが付着する場合には，表の値に 0.2 を加える。

表 6.11 アイドラ補正係数 K_i (JIS K 6323 : 2008)

アイドラの位置	係　数
V ベルトの緩み側で，V ベルトの内側から使用する場合	0
V ベルトの緩み側で，V ベルトの外側から使用する場合	0.1
V ベルトの張り側で，V ベルトの内側から使用する場合	0.1
V ベルトの張り側で，V ベルトの外側から使用する場合*	0.2

＊ 通常の使用形態でないので，使用上は好ましくない.

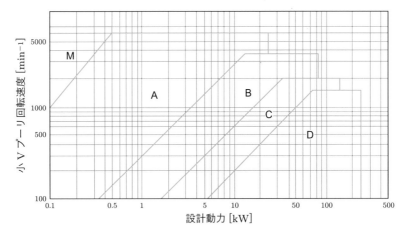

図 6.26　V ベルトの種類の選定図 (JIS K 6323 : 2008)

④ **ベルト長さの決定**：設計当初の軸間距離 C' を下記の式に代入し，ベルト長さ L' を求める．ベルト長さは任意の値をとれるわけではなく，標準値が表 6.12 に示すように決められている．したがって，得られたベルトの長さに近い標準値をベルト長さ L とする．

$$L' = 2C' + 1.57(d_1 + d_2) + \frac{(d_2 - d_1)^2}{4C'} \tag{6.43}$$

ここで，d_2：大 V プーリの呼び径 [mm]，d_1：小 V プーリの呼び径 [mm] である.

⑤ **軸間距離の算出**：標準値の長さのベルトを用いた場合の軸間距離 C を，次式で算出する．

$$C = \frac{B + \sqrt{B^2 - 2(d_2 - d_1)^2}}{4} \tag{6.44}$$

ここで，$B = L - 1.57(d_1 + d_2)$ である．

表 6.12　V ベルトの長さおよびその許容差 (JIS K 6323 : 2008)

呼び番号	長さ [mm]					許容差 [mm]
	M	A	B	C	D	
20	508	508				+8 −16
21	533	533	—	—	—	
22	559	559				
23	584	584				
24	610	610				+9 −18
25	635	635				
26	660	660	—	—	—	
27	686	686				
28	711	711				
29	737	737				
30	762	762	762			+10 −20
31	787	787	787			
32	813	813	813	—	—	
33	838	838	838			
34	864	864	864			
35	889	889	889			
36	914	914	914			+11 −22
37	940	940	940			
38	965	965	965			
39	991	991	991			
40	1,016	1,016	1,016	—		
41	1,041	1,041	1,041		—	
42	1,067	1,067	1,067			
43	1,092	1,092	1,092			
44	1,118	1,118	1,118			
45	1,143	1,143	1,143	1,143		
46	1,168	1,168	1,168	—		
47	1,194	1,194	1,194			

⑥ **最小アジャストしろの選定**：ベルトを取り付ける際に必要な，プーリが移動できる量のことを，アジャストしろとよぶ．アジャストしろは，ベルトの種類，長さを考慮して，表 6.13 のように与えられる．

⑦ **ベルトの伝動動力容量の決定**：V ベルト 1 本あたりの伝動容量は，次式で与えられる．この式は，基準伝動容量に，回転比による付加伝動容量を加える形となっている．

$$P = d_1 n \left\{ C_1 (d_1 n)^{-0.09} - \frac{C_2}{d_1} - C_3 (d_1 n)^2 \right\} + C_2 n \left(1 - \frac{1}{K_r} \right) \quad (6.45)$$

ここで，P：ベルト 1 本あたりの伝動容量 [kW/本]，d_1：小 V プーリの呼び径 [mm]，n：小 V プーリの回転速度 [min^{-1}] $\times 10^{-3}$，C_1, C_2, C_3：定数（表 6.14），K_r：回転比（＝ 大 V プーリの呼び径/小 V プーリの呼び径）による補正係数（表 6.15）である．

表 6.13　最小アジャストしろ (JIS K 6323：2008)

V ベルトの 呼び番号	内側への最小アジャストしろ C_i [mm]					外側への最小アジャストしろ C_s [mm]
	M	A	B	C	D	
38 以下	15	20	25	—	—	25
39 ～ 60	20		25			40
61 ～ 90	—			40		50
91 ～ 120		25	35			65
122 ～ 155					50	75
160 ～ 190						90
200 ～ 240			40	50		100
250 ～ 270		—			65	115
280 ～ 330			—	—		130

表 6.14　定　数 (JIS K 6323：2008)

種　類	C_1	C_2	C_3
M	8.5016×10^{-3}	1.7332×10^{-1}	6.3533×10^{-9}
A	3.1149×10^{-2}	1.0399	1.1108×10^{-8}
B	5.4974×10^{-2}	2.7266	1.9120×10^{-8}
C	1.0205×10^{-1}	7.5815	3.3961×10^{-8}
D	2.1805×10^{-1}	2.6894×10	6.9287×10^{-8}

表 6.15　回転比による補正係数 (JIS K 6323：2008)

回転比	K_r	回転比	K_r
1.00～1.01	1.0000	1.19～1.24	1.0719
1.02～1.04	1.0136	1.25～1.34	1.0875
1.05～1.08	1.0276	1.35～1.51	1.1036
1.09～1.12	1.0419	1.52～1.99	1.1202
1.13～1.18	1.0567	2.0 以上	1.1373

⑧ **V ベルトの本数の幅の決定**：① で求めた設定動力を ⑦ で求めた伝動容量で除すことにより，V ベルトの本数を決定する．

$$Z = \frac{P_d}{P_c} \tag{6.46}$$

ここで，Z：ベルトの本数，P_d：設計動力 [kW]，P_c：ベルト 1 本あたりの補正伝動容量 [kW/本] である．P_c は次式より求められる．

$$P_c = P \times K_L \times K_\theta \tag{6.47}$$

ここで，P：ベルト 1 本あたりの伝動容量，K_L：長さ補正係数（表 6.16），K_θ：

表 6.16　長さ補正係数 K_L (JIS K 6323 : 2008)

呼び番号	種　類				
	M	A	B	C	D
20～ 25	0.92	0.80	0.78		
26～ 30	0.94	0.81	0.79		
31～ 34	0.99	0.84	0.80	—	
35～ 37	0.98	0.87	0.81		
38～ 41	1.00	0.88	0.83		
42～ 45	1.02	0.90	0.85	0.78	
46～ 50	1.04	0.92	0.87	0.79	
51～ 54		0.94	0.89	0.80	—
55～ 59		0.96	0.90	0.81	
60～ 67		0.98	0.92	0.82	
68～ 74		1.00	0.95	0.85	
75～ 79		1.02	0.97	0.87	
80～ 84		1.04	0.98	0.89	
85～ 89		1.05	0.99	0.90	
90～ 95		1.06	1.00	0.91	
96～104		1.08	1.02	0.92	0.83
105～111		1.10	1.04	0.94	0.84
112～119		1.11	1.05	0.95	0.85
120～127	—	1.13	1.07	0.97	0.86
128～144		1.14	1.08	0.98	0.87
145～154		1.15	1.11	1.00	0.90
155～169		1.16	1.13	1.02	0.92
170～179		1.17	1.15	1.04	0.93
180～194		1.18	1.16	1.05	0.94
195～209			1.18	1.07	0.96
210～239			1.19	1.08	0.98
240～269		—		1.11	1.00
270～299			—	1.14	1.03
300～329				—	1.05
330～359					1.07

注記：表中の1.00のVベルトは，基準長さのVベルトを示す．

接触角補正（表 6.17）である．なお，ベルトの接触角 θ は次式で与えられる．

$$\theta = 180° - 2\sin^{-1}\left(\frac{d_2 - d_1}{2C}\right) \tag{6.48}$$

　V プーリの種類は，使用する V ベルトの幅に応じて M, A, B, C, D, E の種類がある．また，プーリの形状によって 1 形～5 形まで 5 種類に分けられる．表 6.18 には，例として，A-1 形の V プーリの寸法を示す．

表 6.17 接触角補正係数 K_θ (JIS K 6323：2008)

$\dfrac{d_2 - d_1}{C}$	小Vプーリでの接触角度 θ [°]	接触角補正係数 K_θ	$\dfrac{d_2 - d_1}{C}$	小Vプーリでの接触角度 θ [°]	接触角補正係数 K_θ
0.00	180	1.00	0.80	133	0.87
0.10	174	0.99	0.90	127	0.85
0.20	169	0.98	1.00	120	0.82
0.30	163	0.96	1.10	113	0.79
0.40	157	0.94	1.20	106	0.77
0.50	151	0.93	1.30	99	0.74
0.60	145	0.91	1.40	91	0.70
0.70	139	0.89	1.50	83	0.66

注記：接触角補正係数K_θは，次の式によって算出する．

$$K_\theta = 1.25\{1 - (1/1.009^\theta)\}$$

表 6.18 A-1 形の V プーリの寸法 (JIS B 1854：1987)

プーリの種類	呼び径	軸径 d（最大）	プーリの種類	呼び径	軸径 d（最大）
A1	75	12.0	A1	150	16.0
	80			160	
	85			180	
	90			200	
	95			224	
	100	14.0		250	18.0
	106			280	
	112			300	
	118			315	
	125			355	
	132			400	
	140			450	20.4
				500	
				560	

例題 6.6 呼び径 $d_1 = 132\,\text{mm}$ のプーリを介し，一般 V ベルトを用いて，軸間距離が約 350 mm の場所に設置された回転軸に，定格出力 2.2 kW のモータの動力を減速比約 0.75 で伝達したい．モータの回転数を 1425 min^{-1} とするとき，必要となる一般 V ベルトの仕様を決定せよ．なお，$K_0 = 1.1$，$K_i = 0$ とする．

解

式 (6.42) を用いて設計動力を求めると，

$$P_d = P_N \times (K_0 + K_i) = 2.2 \times 1.1 = 2.42\,\text{kW}$$

となるため，図 6.26 から，V ベルトの種類として A を選択する．

　減速比 0.75 で大プーリに動力を伝達することから，大プーリの呼び径を計算する．$132/0.75 = 178\,\mathrm{mm}$ であることから，表 6.18 より $d_2 = 180\,\mathrm{mm}$ を選択する．

　式 (6.43) を用いてベルトの長さを求めると，

$$L' = 2C' + 1.57(d_1 + d_2) + \frac{(d_2 - d_1)^2}{4C'} = 1191\,\mathrm{mm}$$

となるため，表 6.12 より V ベルトの呼び番号 47，長さ $1194\,\mathrm{mm}$ を選択する．式 (6.44) を用いて軸間距離を計算すると，次のようになる．

$$B = L - 1.57(d_1 + d_2) = 704\,\mathrm{mm}$$

$$C = \frac{B + \sqrt{B^2 - 2(d_2 - d_1)^2}}{4} = 351\,\mathrm{mm}$$

ベルトのアジャストしろは，呼び番号 47 に対応する $20\,\mathrm{mm}$ を表 6.13 から選択する．

　次に，ベルト 1 本あたりの伝動容量を式 (6.45) から求める．表 6.14, 6.15 から，C_1, C_2, C_3, K_r を求め，下の式に代入すると，

$$P = d_1 n \left\{ C_1 (d_1 n)^{-0.09} - \frac{C_2}{d_1} - C_3 (d_1 n)^2 \right\} + C_2 n \left(1 - \frac{1}{K_r}\right) = 2.22\,\mathrm{kW}$$

となる．求めたベルト 1 本あたりの伝動容量および式 (6.46), (6.47), (6.48) を用いて，ベルトの本数を決定する．式 (6.48) よりベルトの接触角を求めると，

$$\theta = 180° - 2\sin^{-1}\left(\frac{d_2 - d_1}{2C}\right) = 172.1°$$

表 6.17 より $K_\theta = 0.986$，表 6.16 より $K_L = 0.92$ が得られる．したがって，

$$P_c = P \times K_L \times K_\theta = 2.22 \times 0.92 \times 0.986 = 2.01\,\mathrm{kW}$$

となり，式 (6.46) より，V ベルトの本数を求めると，次のように求められる．

$$Z = \frac{P_d}{P_c} = \frac{2.42}{2.01} = 1.20 \approx 2\,\text{本}$$

練習問題

6.1　動力伝達要素の種類を挙げ，それらの特徴について述べよ．

6.2　歯車の種類とその特徴について述べよ．

6.3　歯車 1 の歯数を z_1，歯車 2 の歯数を z_2，頂げきを c，モジュールを m，圧力角を α とするとき，以下の値を求めよ．

　ピッチ円直径，中心距離，歯先円直径，基礎円直径，歯底円直径，円ピッチ，法線ピッチ，歯たけ，歯末たけ，歯元たけ，歯厚

6.4　基礎円直径が歯底円直径より大きくなる歯数を求めよ．

6.5　$z_1 = 20$，$z_2 = 26$ の平歯車のかみ合い率を求めよ．

6.6　破損した平歯車減速装置の歯車 1, 2 を測定したところ，中心距離 $a \fallingdotseq 174\,\mathrm{mm}$，小歯車外径 $d_{a1} \fallingdotseq 104\,\mathrm{mm}$，外周でのピッチ $p_a \fallingdotseq 4.3\,\mathrm{mm}$ であった．この歯車 1, 2 の

モジュール，歯数を推定せよ.

6.7　圧力角 $\alpha = 20°$，$m = 3$ で歯数が $z_1 = 25$，$z_2 = 47$ の二つの平歯車をかみ合わせ，中心距離を 110 mm としたい．バックラッシ $j_n = 0.25$ mm を考慮するとき，転位量を求めよ.

6.8　次の条件で歯車 1 を駆動し，歯車 2 を減速する．$m = 4$ とするとき，伝達できる動力の大きさを求めよ.

　　歯車 1：材質 S 45 C (HB = 200)，回転数 $n_1 = 600 \, \text{min}^{-1}$，歯数 $z_1 = 30$

　　歯車 2：材質 S 45 C (HB = 200)，回転数 $n_2 = 200 \, \text{min}^{-1}$，歯数 $z_2 = 90$

とし，圧力角 $\alpha = 20°$ とする.

そのほかの機械要素

7.1 ば　ね (JIS B 2704 : 2018)

ばねは，保守の必要がなく，形状も簡単で安価に製作できることから，種々の機械に使用されている．ばねの使い方としては，以下のようなことが考えられる．

- 弾性エネルギーを蓄えることによって，時計のゼンマイのように動力源として使用する
- ばねの変形を利用して部品に一定の力を加え，精度や性能を高める
- 物体をばねで支持することによって，振動の伝達を防いだり，衝撃を緩和する

ばねの設計法は JIS に規定されており，それに基づいて設計されるが，設計者は，ばねの使用条件などを明記した仕様書をばねメーカに提出し，製作を依頼することが多い．また，ばねメーカもいくつかの標準品を準備しているので，仕様が合えばその中から選ぶことも可能である．いずれにしても設計者は，どのようなばねを必要とするかの決定を行えばよいことになる．

7.1.1 ばねの種類

ばねは，使用する材料によって，金属ばね，ゴムばね，空気ばねに分けることができるが，一般的には金属ばねが数多く使用されている．表 7.1 には，金属ばねの種類を示す．

一般に，表 7.1 に示すような圧縮コイルばねや引張りコイルばね，板ばねのように，ばねの変形方向に加わる力 W とばねの変形量 δ は比例関係にあり，ばね定数 k を用いて，次のように表せる．

$$W = k\delta \tag{7.1}$$

表 7.1　金属ばねの種類

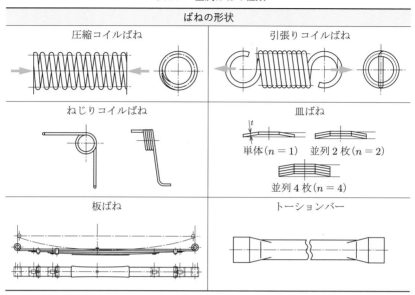

ばねの形状	
圧縮コイルばね	引張りコイルばね
ねじりコイルばね	皿ばね 単体(n = 1)　並列 2 枚(n = 2) 並列 4 枚(n = 4)
板ばね	トーションバー

表 7.2　ばねの材料と特性 (JIS B 2704 : 2018)

材　料		縦弾性係数 E [GPa]	横弾性係数 G [GPa]	用　途					
				汎用	導電	非磁性	耐熱	耐食	耐疲労
ばね鋼鋼材	SUP	196.0	78.5	○					
硬鋼材	SW-B SW-C			○					
ピアノ線	SWP			○					○
オイルテン バー線	SWO			○					○
ばね用ステ ンレス鋼線	SUS 302	176.4	68.5	○			○	○	
	SUS 304			○			○	○	
	SUS 304 N 1			○			○	○	
	SUS 316			○			○	○	
	SUS 631 J 1	184.2	75.5	○			○	○	
銅合金	黄銅線 洋白線	107.8	39.2		○	○		○	
	リン青銅線	98.0	42.1		○	○		○	
	ベリリウム 銅線	127.4	44.1		○	○		○	

また，ねじりコイルばねやトーションバーの場合には，ねじりモーメント T とばねのねじれ角 θ が比例関係にあり，ねじりのばね定数 k_t を用いて次のように表すことができる．

$$T = k_t\theta \tag{7.2}$$

ばねに使用される材料については，表 7.2 に示すような形で JIS に規定されている．したがって設計者は，この中から材料を選定すればよい．なお，用途としてとくに必要とされる特性がある場合には，表中の丸印を記した材料を選べばよい．

7.1.2 コイルばね材のねじり応力と許容ねじり応力

図 7.1 に示すように，コイルばね材の直径を d，コイルの平均直径を D とするとき，コイルばねに垂直な静的圧縮力 W が加わったとすると，ばねの断面にはたらくねじりモーメント T は，次のように与えられる．

$$T = \frac{WD}{2} \tag{7.3}$$

また，ねじりモーメント T とばね材の直径 d との関係は，第 3 章の式 (3.2) における許容ねじり応力 τ_a をねじり応力 τ_t に置き換えることで，次式が得られる．

$$T = \frac{\pi d^3 \tau_t}{16} \tag{7.4}$$

式 (7.3) と式 (7.4) からねじり応力 τ_t を求めると，

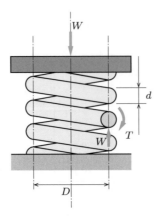

図 7.1　ばねにはたらく力

$$\tau_t = \frac{8WD}{\pi d^3} \tag{7.5}$$

となる．また，ばね材には，圧縮力 W によるせん断応力 τ_s もはたらくため，ばね材には，これらの応力を足し合わせたせん断応力 $\tau_{\max}$ がはたらくことになる．よって，

$$\tau_{\max} = \tau_t + \tau_s = \frac{8WD}{\pi d^3} + \frac{4W}{\pi d^2} \tag{7.6}$$

となる．ここで，一般に $\tau_{\max}$ の値は，ばね材の直径 d とコイルの平均直径 D との比 c（ばね指数）$= D/d \, (= 4 \sim 10)$ によって，大きく影響される．

したがって，設計においては，式 (7.6) を近似的に書き換え，ワールの修正係数 K を用いた実用式が使用される．

$$\tau_{\max} = \frac{8KWD}{\pi d^3} \tag{7.7}$$

ここで，

$$K = \frac{4c - 1}{4c - 4} + \frac{0.615}{c} \tag{7.8}$$

である．

コイルばねを実際に使用する場合には，式 (7.7) で求めた最大せん断応力 $\tau_{\max}$ が，ばね材の許容ねじり応力より小さいことが必要となる．

図 7.2 に，静的な圧縮力が加わるばね材の直径 d と，許容ねじり応力 τ_a との関係を示した．図中の SWP-B，SWOSC-V などは，ばね材の種類を表している．実際の設計においては，圧縮ばねでは，ばね材の最大応力が τ_a の 80%以下に，引張りばねでは，その最大応力が 64%以下になるようにする．

コイルばねのばね定数 k は，ばね材の直径 d，コイルの平均直径 D およびコイルの有効巻数 N_a を用いて，次のように表すことができる．

$$k = \frac{W}{\delta} = \frac{Gd^4}{8N_a D^3} \qquad (G：ばね材の横弾性係数) \tag{7.9}$$

また，コイルばねの平均直径 D に対する高さ H の比（縦横比）については，ばねの座屈を防ぐことから，$H/D = 0.8 \sim 4$ 程度の値をとるのが一般的である．N_a については，一般に 3 以上の値がとられる．

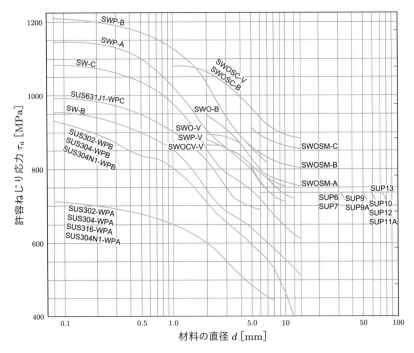

図 7.2　ばね材料の直径 d と許容ねじり応力 τ_a の関係

例題 7.1　圧縮コイルばねにおいて，100 N の静的荷重に対してばねの変形を 10 mm としたい．使用するばね材は SUS 302-WPA，ばね材の直径 $d = 5$ mm，ばね指数 $c = 8$ とするとき，コイルの平均半径 D，有効巻数 N_a を求めよ．

解

題意より，$8 = D/5$ から $D = 40$ mm となる．これらの値を式 (7.7)，(7.8) に代入し $\tau_{\max}$ の値を求めると，以下のようになる．

$$K = \frac{4c - 1}{4c - 4} + \frac{0.615}{c} = \frac{31}{28} + \frac{0.615}{10} = 1.18$$

$$\tau_{\max} = \frac{8KWD}{\pi d^3} = \frac{8 \times 1.18 \times 100 \times 0.04}{3.14 \times 0.005^3} = 96 \,\text{MPa}$$

図 7.2 において，直径 5 mm の SUS302-WPA の許容ねじり応力は約 480 MPa である．得られた $\tau_{\max}$ の値 96 MPa は，$480 \times 0.8 = 384$ MPa 以下であることから，選定した d および D の値は妥当であることがわかる．

次に，SUS 302 の横弾性係数 G は，表 7.2 より，$G = 68.5$ GPa と与えられているので，式 (7.9) を用いて有効巻数 N_a を求めると，

$$k = \frac{W}{\delta} = \frac{Gd^4}{8N_a D^3}$$

より，以下のようになる．

$$\frac{100}{0.01} = \frac{68.5 \times 10^9 \times 0.005^4}{8N_a \times 0.04^3}$$

ここから，$N_a = 8.36$ より，8 巻とする．

7.1.3 ばねを注文するための仕様書

　ばねは，設計者が使用目的に合うばねの仕様書を作成し，ばねメーカに製作を依頼するのが普通である．表 7.3 に，圧縮型コイルばねの仕様書（要目表）の一例を示す．

　なお，ばねの設計計算法については，JIS B 2704 などに使用する式が詳細に述べられているので，それを参照するとよい．

表 7.3　ばねの要目表とその説明 (JIS B 0004 : 2007)

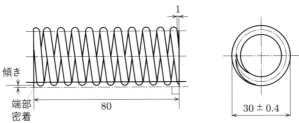

項　目			説　明
材　料		SWOSC-V	弁ばね用オイルテンパー線
材料の直径 [mm]		4	
コイル平均径 [mm]		26	
コイル外径 [mm]		30±0.4	
総巻数		11.5	
座巻数		各1	
有効巻数		9.5	3 以上の巻数とする
巻方向		右	
自由高さ [mm]		(80)	荷重が加わらないときのばね高さ
ばね定数 [N/mm]		15.3	全たわみの 30 〜 70% にある二つの荷重点の差とたわみの差から定める
指定	荷重 [N]	—	
	荷重時の高さ [mm]	—	
	高さ [mm]	70	全たわみの 20 〜 80% になるように定める：全たわみ = 80 − 44 = 36
	高さ時の荷重 [N]	153±10%	全たわみの 20 〜 80% になるように定めたときの荷重
	応力 [MPa]	190	ばね部材内応力

表7.3（続き）　ばねの要目表とその説明 (JIS B 0004：2007)

最大圧縮	荷重 [N]	—	
	荷重時の高さ [mm]	—	
	高さ [mm]	55	最大圧縮時のばね高さ
	高さ時の荷重 [N]	382	最大圧縮時の荷重
	応力 [MPa]	476	最大圧縮時の部材内能力
密着高さ [mm]		(44)	すきまをなくした場合の高さ．一般には指定しない
コイル外側面の傾き [mm]		4以下	ばねを立てたときの上下端外周の水平方向位置誤差
コイル端部の形状		クローズドエンド（研削）	端部の部材を密着させ，研削する
表面処理	成形後の表面加工	ショットピーニング	
	防せい処理	防せい油塗布	さび止め油を塗る

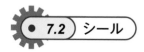

7.2　シール

　機械装置には，運動部品の摩擦や摩耗を低減するために，潤滑油やグリースが頻繁に使用される．したがって，これらの油が，流入してはならない箇所に漏れ出したり，機械外に流出したりしないようにする必要がある．また，機械を動かすために，圧力の高い空圧や油圧を用いる機器もある．これらの機器では，高圧の空気や油が漏れると，機械が果たすべき機能を発揮できなくなる．シールは，このような油などの流体が漏れ出すことを防ぐための機械要素である．

　シールの種類は，表7.4に示すように，運動用シールと固定用シールに分類できる．運動用シールのうち，回転運動をする軸のシールにはオイルシールやメカニカ

表7.4　シールの分類と種類

使用状態		おもな分類	種　類
運動用シール	回転用	オイルシール	用途により，多数の品種あり
		メカニカルシール	アンバランス型，バランス型
	往復用	パッキン	リップパッキン（Uパッキン，Vパッキンなど）スクイーズパッキン（Oリング，角リングなど）
		ピストンリング	
固定用シール		非金属	Oリング，板状布入りゴムシート
		金属	鋼板，環状リング
		液体	液体ガスケット

ルシールがよく使用され，往復運動をする軸のシールにはパッキンが用いられる．固定用シールとしては，Oリングを使用するのが一般的である．

7.2.1 **オイルシール** (JIS B 2402-1：2013)

オイルシールは，回転する軸に取り付けられ，油などが外部に流出しないように封入する役割をもつ．代表的なオイルシールの形状と，取り付け法の概略図を図7.3に示す．オイルシールは，金属環とゴムからできており，図のように軸端に設置される．リップ部と呼ばれる部分が，リング状のばねによって軸表面に押し付けられる構造となっており，これにより外部に油が漏れることを防ぐことができる．オイルシールが油漏れを防ぐメカニズムについては，リップ先端部と軸との接触状況を詳細に検討することで，理解できるようになってきている．

リップ先端部は，通常，軸との間に油が介在しており，リップ先端部の摩耗を防ぐとともに，油漏れを防いでいる．介在する油が不足すると，リップ先端部の摩耗が激しくなるので注意する必要がある．

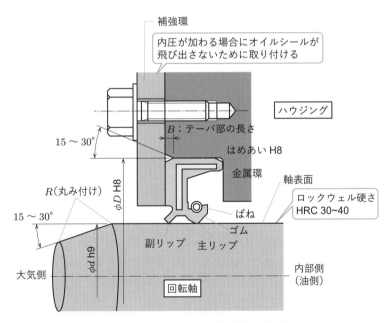

図 7.3　**オイルシールの形状と取り付け法**

(1) オイルシールの取り付け法

オイルシールは，リップ先端部と軸表面との間からの漏れを防ぐ形式であるので，リップ先端部が接触する軸表面の加工状態が，漏れに大きく影響する．

軸について

- 軸材料として，構造用炭素鋼，合金鋼を用い，軸表面の硬さは，ロックウェル硬さ HRC30～40 が必要である
- 軸表面については，軸方向に研削砥石を移動させずに行った研削加工表面が好ましい．その際の軸の表面粗さは，$Rz\ 0.8\sim2.5\ \mu\mathrm{m}$ 程度に仕上げることが必要である
- 軸の外周公差は，h8 が推奨値であるが，h11 まで許容可能である
- 軸端には，15～30° のテーパをつけ，角には R（丸み）をつけ，オイルシールの損傷を防ぐ

ハウジングについて

- ハウジング材料としては，鋼や鋳鉄が適している．軽合金の場合は，熱膨張が大きいため，オイルシールの外周がゴムになっているものを用いる
- オイルシールとのはめあい面の表面粗さは，シール外周からの漏れを防ぐため，$Rz\ 1.6\sim12.5\ \mu\mathrm{m}$ または $Ra\ 0.4\sim3.2\ \mu\mathrm{m}$ とする
- はめあい公差は，H8 を適用する
- ハウジング穴入り口には，15～30° のテーパをつける．テーパの幅 B は，シール幅の 0.1～0.15 倍程度とする

(2) オイルシールの種類と選定

オイルシールは，それを使用する条件にあった種々の形式が，メーカのカタログに準備されている．表7.5 に，オイルシール形状例を示す．大気側にダストが多い場合には，副リップのついたタイプ4からタイプ6のオイルシールを用いる．また，内圧としては，通常，0.03 MPa 程度であるが，0.3 MPa に対応できる形式もある．カタログ中には，使用条件を決定することで，容易にオイルシールの選定が可能となる手順が示されているものもあるので，それを参考にすればよい．

表 7.5　**オイルシールの形式と種類** (JIS B 2402-1 : 2013)

形式	使用環境	種類	記号	図例	形式	種類	記号	図例
ばねありオイルシール	外部にダストがない場合	外周ゴムオイルシール	タイプ1		ばねなしオイルシール（グリースの漏れ防止用）	外周ゴムオイルシール	タイプ1	
		外周金属オイルシール	タイプ2			外周金属オイルシール	タイプ2	
		組立形オイルシール	タイプ3			組立形オイルシール	タイプ3	
	外部にダストが多く侵入を防ぐ場合	ちりよけ付き外周ゴムオイルシール	タイプ4					
		ちりよけ付き外周金属オイルシール	タイプ5					
		ちりよけ付き組立形オイルシール	タイプ6					

7.2.2 パッキン

　空圧や油圧シリンダのように，空気や油などの流体の漏れを防ぎながら，往復運動を行うために用いられるシールを，パッキンとよぶ．パッキンは，その形状から，U パッキン，V パッキンなど多数の種類がある．図 7.4 に形状と使い方の一例を示す．また，図 7.5 には，U パッキンの動作原理を示した．U パッキンには，流体圧が低い場合には接触圧が小さくなり，大きい場合には接触圧も大きくなるというセルフコントロール機能がある．また，シール機能は取り付け方向によるので，注意する必要がある．パッキンの材質としては，一般にポリウレタンゴムやニトリルゴムなどの合成ゴムが使用されている．これらのパッキンは形式にもよるが，約 1〜35 MPa の圧力範囲，0.3〜1.5 m/s の速度範囲で使用可能である．

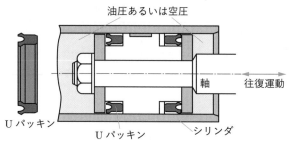

図 7.4　U パッキンの形状と使用例

図 7.5　U パッキンの動作原理

7.2.3 O リング （JIS B 2401 : 2012）

　O リングは，図 7.6(a) に示すように，断面が円形をしたリング状のゴムシールで，固定用シールおよびストロークの短い運動用シールとして広く使用されている．O リングは，密封が必要なすきまを構成するいずれかの部材に長方形断面の環状溝を設け（図 7.6(b) 参照），その中に O リングをはめ込み，部材によって圧縮して用いる．O リングは，圧縮することで生じる弾性的な反発力を用いて密封機能を発揮

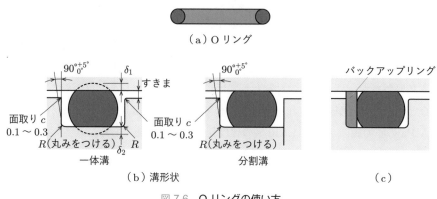

（a）O リング

（b）溝形状

（c）

図 7.6　O リングの使い方

する.

Oリングに使用する合成ゴムの材質には種々のものがあるが，密封する流体によっては，硬化したり，膨潤（流体を吸収しOリングの体積が大きくなる）したりする場合があるので，カタログなどを参照のうえ選ぶ必要がある.

Oリングを取り付ける際には，以下のような点に注意を要する.

(1) 表面粗さ

Oリングと接触する部分の部材の表面粗さの目安を表 7.6 に示す．表面粗さが大きすぎると，シールの密封機能が低下し漏れを生じる．また，運動用シールでは，粗すぎるとシールの移動によってゴムの摩耗が進み，密封機能が失われるおそれがある.

表 7.6　溝部の表面粗さ (JIS B 2401-2：2012)

機器の部分	用　途	圧力のかかり方		表面粗さ [μm]	
				Ra	(参考)Rz
ハウジングの側面および底面	固定用	脈動なし	平面	3.2	12.5
			円筒面	1.6	6.3
		脈動あり		1.6	6.3
	運動用	バックアップリングを使用する場合		1.6	6.3
		バックアップリングを使用しない場合		0.8	3.2
Oリングのシール部の接触面	固定用	脈動なし		1.6	6.3
		脈動あり		0.8	3.2
	運動用			0.4	1.6
Oリングの装着用面取り部				3.2	12.5

(2) つぶししろとすきま

Oリングの圧縮量（つぶししろ $= \delta_1 + \delta_2$）は，Oリング断面の直径の8%〜30%とする．小さすぎると十分な反発力が生じず，また大きすぎると圧縮永久ひずみの関係から反発力が減少する．Oリングには，密封する圧力によって横から力が加わることになるが，図 7.6(b) 中のすきまが大きくなると，その部分にOリングが押し込まれ，Oリングが破損する．表 7.7 に，すきまと密封圧力の関係を示す．密封圧力が高くなるにつれ，すきまを小さくしなければならない．なお，すきまを小さくできない場合や，シールする圧力がOリングシールの限界を超える場合には，図 7.6(c)に示したバックアップリングを用いる.

表 7.7　バックアップリングを使用しない場合のすきま *2g* の最大値 (JIS B 2401-2 : 2012)

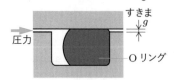

O リングの硬さ (スプリング硬さ Hs)	直径すきま(はめあい公差クラス *2g*) [mm]				
	使用圧力 [MPa]				
	4.0 以下	4.0 を超え 6.3 以下	6.3 を超え 10.0 以下	10.0 を超え 16.0 以下	16.0 を超え 25.0 以下
70	0.35	0.30	0.15	0.07	0.03
90	0.65	0.60	0.50	0.30	0.17

(3) 引張り率

　O リングを溝に取り付ける場合，O リングの内径よりも，溝底面の直径を大きめにとるのが普通である．この際，O リングは少し伸ばされるため，O リングの円形断面直径は，その分細くなる．引張り率は，(溝底面直径 − O リング内径)/O リング内径で与えられるが，引張り率が，0.05 以下になるようにする．引張り率が大きいと，劣化によるひび割れ現象が発生しやすくなる．

(4) 穴側部材端の面取り

　O リングをもつ軸に穴側部材を挿入する場合には，O リングの破損を防ぐために，穴側部材の端部に図 7.7 に示すような面取りを施す．

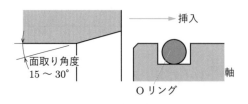

図 7.7　穴側端部の面取り法

(5) 内圧，外圧による取り付け法の相違

　O リングに内圧が加わるか，外圧が加わるかにより，O リングが側壁に押し付けられるように O リングの取り付け方を変える（図 7.8 参照）．

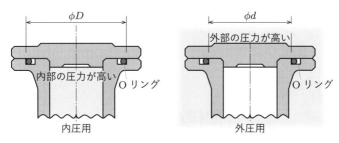

図 7.8　内圧，外圧による取り付け法の違い

・・・・・・・・・・・・・・・・・・・・・・・・・・・・・　**練習問題**　・・・・・・・・・・・・・・・・・・・・・・・・・・・・・

7.1　表 7.1 に示すトーションバーを図 7.9 に示すような丸棒に置き換え，$l = 100\,\text{mm}$，$d = 10\,\text{mm}$，$G = 79\,\text{GPa}$ とするとき，ばね定数 k_t を求めよ．

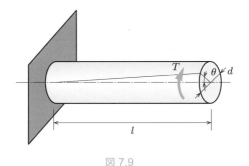

図 7.9

7.2　コイルばねのばね定数 k は，式 (7.9) に示した式によって与えられるが，この式を図 7.9 に示す丸棒に加わるねじりモーメント T とねじれ角 θ との関係を用いて導け．

7.3　圧縮コイルばねにおいて，最大荷重 150 N に対しばね定数を $k = 5\,\text{N/mm}$ としたい．しかし，ばねを取り付けるスペースの関係から，コイルの平均直径を 30 mm 以下としなければならない．このとき，ばね材の直径 d およびばね材料を選定せよ．また，有効巻数を求めよ．

練習問題解答

第2章

2.1 2.1 節参照

2.2 2.3 節参照

2.3 $d_1 = 8.38\,\text{mm}$, $d_2 = 9.03\,\text{mm}$, $\beta = 2.94°$ よって, $\gamma = 87.06°$

2.4 $d_1 = 15\,\text{mm}$, $d_2 = 17.5\,\text{mm}$

2.5 2.5 節参照

2.6 並目 $= 21.2\,\text{kN}$ ($P = 1.25$), 細目 $= 22.7\,\text{kN}$ ($P = 1$)

2.7 式 (2.10) を導く過程を参照

2.8 式 (2.12) を参照

2.9 式 (2.16) を導く過程を参照

2.10 (1) 36.5 mm (2) 上昇時トルク $T = F\{\tan(\beta + \rho') \cdot (d_2/2)\} = 19.5\,\text{N}$, 下降時トルク $T = F\{\tan(\rho' - \beta) \cdot (d_2/2)\} = 8.4\,\text{N}$ (3) 必要な動力 $L = T\omega = 204\,\text{W}$, 上昇速度 $= 11.7\,\text{mm/s}$

2.11 (1) $A_s = 58\,\text{mm}^2$ (2) $T_r = K\{0.7\sigma_Y A_s (1 + 1/Q)/2\}d = 40.4\,\text{N·m}$ ($Q = 1.8$ の場合)

2.12 $F = \tau_b\,(z\pi d_1 \times 0.75P) = (800 \times 0.6) \cdot (4.62 \times 3.1415 \times 6.65 \times 0.75 \times 1.25) = 43.4\,\text{kN}$

第3章

3.1 3.3 節参照

3.2 3.3 節参照

3.3 直径 d, 長さ l の丸軸の一端を固定し, 他端にねじりモーメント T がはたらくとき, 端部のねじれ角を θ とする. 半径 r の位置におけるせん断応力 τ は, 軸の横弾性係数 G, およびせん断ひずみ γ を用いることにより, 次式のように表される.

$$\tau = G\gamma = Gr\frac{\theta}{l} \qquad (*1)$$

一方, 右端面において半径 r の箇所に微小幅 dr の環状部分を考える. その環状部分の面積 $dA = 2\pi r dr$ に作用するせん断応力を τ とすると, ねじりモーメント dT は次のように書ける.

$$dT = \tau r dA = \tau r(2\pi r dr) = 2\pi\tau r^2 dr$$

上式を半径方向に積分することにより，ねじりモーメント T は次式のように得られる．

$$T = 2\pi \int_0^{d/2} \tau r^2 dr = G\frac{\theta}{l} 2\pi \int_0^{d/2} r^3 dr = G\frac{\theta}{l} I_p \tag{*2}$$

ただし，

$$I_p = 2\pi \int_0^{d/2} r^3 dr = \frac{\pi}{32} d^4$$

である．ここで，I_p：断面二次極モーメントである．

ところで，最大せん断応力は $r = d/2$ において生じるので $\tau_{\max} = G(d/2)(\theta/l)$ となり，式 (*1), (*2) から次式が得られる．

$$\tau_{\max} = \frac{T}{Z_p} = \frac{16 \times T}{\pi d^3} \tag{*3}$$

ここで，Z_p：極断面係数である．

したがって，式 (*3) の $\tau_{\max}$ を許容ねじり応力 τ_a に置き換えれば，ねじりモーメントが作用する場合の軸径は，次のように導ける．

$$d = \sqrt[3]{\frac{16 \times T}{\pi \tau_a}} \tag{*4}$$

3.4　(1) 式 (*4) を変形し，$\sigma_a = 100\,\mathrm{MPa}$ を代入すると，

$$M = \frac{d^3 \pi \sigma_a}{32} = \frac{(0.015)^3 \times 3.1415 \times 100 \times 10^6}{32} = 33.1\,\mathrm{N \cdot m}$$

となる．よって横軸 1 に加えうる力 F は，以下のように求められる．

$$F = \frac{M}{0.12 \times 2} = \frac{33.1}{0.24} = 138\,\mathrm{N}$$

(2) 式 (*3) を変形し，$\tau_a = 70\,\mathrm{MPa}$ を代入すると，

$$T = \frac{d^3 \pi \tau_a}{16} = \frac{(0.015)^3 \times 3.1415 \times 70 \times 10^6}{16} = 46.4\,\mathrm{N \cdot m}$$

となる．許容できるモーメントの値が曲げモーメントのほうが小さいことから，天地に加えうる力は，138 N となる．

3.5　長さ 1500 mm の中空丸棒に，一方の端から 500 mm の位置に 2000 N の荷重が加わるとすると，中空丸棒の両端に加わる反力は，それぞれ，1333 N, 667 N となる．したがって，中空丸棒に加わる曲げモーメント M は，2000 N の荷重が加わる位置から軸端までの距離を乗じることで，次のように得ることができる．

$$M = F_1 \times l_1 = 1333 \times 0.5 = F_2 \times l_2 = 667 \times 1 = 667\,\mathrm{N \cdot m}$$

式 (3.4) において $k = 0.8$ とすると，

$$d^3 = \frac{32M}{\pi \sigma_a (1 - k^4)} = \frac{32 \times 667}{3.1415 \times 30 \times 10^6 \times (1 - 0.8^4)} = 3.84 \times 10^{-4}\,\mathrm{m^3}$$

ゆえに，$d = 73\,\text{mm}$ となる．

3.6　(1) 軸に加わる曲げモーメント M を求めると，

$$M = 0.05 \times 400 = 20\,\text{N·m}$$

となる．また，軸に加わるねじりモーメント T は，回転数と動力の関係から，

$$T = \frac{2000}{2 \times 3.1415 \times 1000/60} = 19.1\,\text{N·m}$$

となる．式 (3.5)，(3.6) より，以下のように求められる．

$$T_e = \{(k_m M)^2 + (k_t T)^2\}^{1/2} = \{(1.0 \times 20)^2 + (1.0 \times 19.1)^2\}^{1/2} = 27.7\,\text{N·m}$$

$$M_e = 0.5 \times (k_m M + T_e) = 0.5 \times (1.0 \times 20 + 27.7) = 23.9\,\text{N·m}$$

(2) 式 (3.7) より，

$$d_T^3 = \frac{16 T_e}{\pi \tau_a} = \frac{16 \times 27.7}{3.1415 \times 40 \times 10^6} = 3.53 \times 10^{-6}\,\text{m}^3 \qquad \therefore d_T = 15.3\,\text{mm}$$

$$d_M^3 = \frac{32 M_e}{\pi \sigma_a} = \frac{32 \times 23.9}{3.1415 \times 60 \times 10^6} = 3.97 \times 10^{-6}\,\text{m}^3 \qquad \therefore d_M = 16.0\,\text{mm}$$

よって，表 3.1 より 16 mm とする．

3.7　鋼の密度を $\rho = 7800\,\text{kg/m}^3$ とすると，中実丸棒の質量 m は，

$$m_1 = \frac{\pi d_0^2}{4} \times \rho l = \frac{3.1415 \times (0.03)^2}{4} \times 7800 \times 0.1 = 0.55\,\text{kg}$$

よって表 3.4 より，危険速度 ω_{c1}，ω_{c2} は次のように計算される．

$$\omega_{c1}^2 = \frac{12.4 \pi E d_0^4}{64 m_1 l^3} = \frac{12.4 \times 3.1415 \times 206 \times 10^9 \times (0.03)^4}{64 \times 0.55 \times (0.1)^3}$$

$$= 184 \times 10^6\,(\text{rad/s})^2$$

$$\omega_{c2}^2 = \frac{3 \pi E d_0^4}{64 m_2 l^3} = \frac{3 \times 3.1415 \times 206 \times 10^9 \times (0.03)^4}{64 \times 3 \times (0.1)^3}$$

$$= 8.19 \times 10^6\,(\text{rad/s})^2$$

したがって式 (3.13) より，危険速度 ω_{c0} を求めると，次のようになる．

$$\frac{1}{\omega_{c0}^2} = \frac{1}{\omega_{c1}^2} + \frac{1}{\omega_{c2}^2} = \frac{1}{184 \times 10^6} + \frac{1}{8.19 \times 10^6} \qquad \therefore \omega_{c0} = 2800\,\text{rad/s}$$

第 4 章

4.1　4.2.1 項および 4.2.2 項参照

4.2　・6008 LLU C2：[6] 深溝玉軸受，[0] 直径寸法系列 0，[08] 内径番号 内径 40mm，[LLU] 接触シール形，[C2] ラジアル内部すきま等級 2 級

　　・NU 306 E：[NU] NU 形円筒ころ軸受，[3] 寸法系列（寸法系列によって保持器形式が区分されている），[06] 内径番号 内径 30mm，[E] E 型（主要寸法は標準形と同じ

で，ころの直径，長さ，個数を増やして負荷能力を増大させた軸受）

・7208 CDB C2：[7] アンギュラ玉軸受，[2] 直径寸法系列，[08] 内径番号 内径 40mm，[C] 接触角 15°，[DT] 並列組み合わせ，[C2] ラジアル内部すきま等級 2 級

4.3　4.3.5 項参照

4.4　4.7 節参照

4.5　4.3.3 項参照

4.6　4.3.3 項参照

4.7　4.3.4 項参照

4.8　4.6 節参照

4.9　4.5.4 項参照

4.10　4.5.2 項参照

4.11 (1) 例題 3.2 と同様の手順で求める．

$$T = \frac{2000}{2 \times 3.1415 \times 1000/60} = 19.1\,\text{N·m}$$

$$M = 0.05 \times 400 = 20\,\text{N·m}$$

$$T_e = \{(k_m M)^2 + (k_t T)^2\}^{1/2} = \{(1.5 \times 20)^2 + (1.0 \times 19.1)^2\}^{1/2} = 35.6\,\text{N·m}$$

$$M_e = 0.5 \times (k_m M + T_e) = 0.5 \times (1.5 \times 20 + 35.6) = 32.8\,\text{N·m}$$

よって式 (3.7) より，

$$d_{T0}^3 = \frac{16 T_e}{\pi \tau_a} = \frac{16 \times 35.6}{3.1415 \times 40 \times 10^6} = 3.53 \times 10^{-6}\,\text{m}^3 \qquad \therefore d_{T0} = 16.6\,\text{mm}$$

$$d_{M0}^3 = \frac{32 M_e}{\pi \sigma_a} = \frac{32 \times 32.8}{3.1415 \times 60 \times 10^6} = 2.98 \times 10^{-6}\,\text{m}^3 \qquad \therefore d_{M0} = 17.8\,\text{m}$$

となる．転がり軸受を使用することから，軸の標準寸法表において 20 mm とする．

(2) 与えられた条件より，左側の転がり軸受に加わる力 P を求めると，

$$P = 400 + 200 = 600\,\text{N}$$

$$C_r = 1.2 \times 600 \times \sqrt[3]{\frac{60 \times 1000 \times 20000}{10^6}} = 7650\,\text{N}$$

となる．よって，呼び番号 6004 の軸受を選択する．

4.12　まず $X = 0.56, Y = 1.7$ として軸受を仮決めすると，動等価ラジアル荷重は，

$$P_r = 0.56 \times 1000 + 1.7 \times 500 = 1410\,\text{N}$$

であり，式 (4.3) に代入し C_r を求めると，次のようになる．

$$C_r = 1.2 \times 1410 \times \sqrt[3]{\frac{60 \times 1000 \times 10000}{10^6}} = 14.3\,\text{kN}$$

表 4.2 を用いて呼び番号 6304（動定格荷重 15.9 kN）の軸受を仮に選定する．

次に，軸受 6304 の寿命時間を再度計算し，仕様を満足するか確認する．

表 4.7 にかかわる次の値を計算する．

$$\frac{f_0 F_a}{C_{0r}} = \frac{12.4 \times 500}{7900} = 0.785, \qquad \frac{F_a}{F_r} = \frac{500}{1000} = 0.5$$

$f_0 F_a / C_{0r} = 0.785$ に相当する e の値を表 4.7 から読みとると，$e \approx 0.26$ であることから，$F_a / F_r = 0.5 > e$ となる．よって $X = 0.56$, $Y = 1.55 + (1.71 - 1.55) \times (1.03 - 0.785)/(1.03 - 0.689) = 1.66$ だから，

$$P_r = 0.56 \times 1000 + 1.66 \times 500 = 1390 \, \text{N}$$

となる．よって，動等価ラジアル荷重 1390 N は，仮に得た値 1410 N よりも小さい値となるので，与えられた条件である寿命時間 10,000 時間を満足することは明らかである．このことより，呼び番号 6304 を軸受として選定する．

第 5 章

5.1 5.2 節参照

5.2 5.3 節参照

5.3 5.3.3 項参照

5.4 5.3.3 項参照

5.5 $l = 1.2d$ とし圧力 p を求めると，

$$p = \frac{P}{dl} = \frac{2000}{1.2d^2} = \frac{2000}{1.2 \times 0.03^2} = 1.85 \, \text{MPa}$$

となる．よって p の値は，表 5.5 に示される値 2 MPa よりも小さい値となり，条件を満足する．pV 値を求めると，

$$pV = p \times \frac{d}{2} \times \frac{2\pi N}{60} = 1.85 \times 0.03 \times \frac{\pi \times 1500}{60} = 4.36 \, \text{MPa·m/s}$$

となり，表 5.5 の値 3.0 よりも大きな値となっている．よって，回転数を $N = 750 \, \text{min}^{-1}$ に変更することで $pV = 2.18 \, \text{MPa·m/s}$ とし，条件を満足させる．

最小 $\eta n/p$ 値を満足する粘性係数を求めると，

$$\eta = \frac{20 \times 10^{-8} \times 60 \times 1.85 \times 10^6}{750} = 29.6 \times 10^{-3} \approx 30 \, \text{mPa·s}$$

となり，表 5.5 に示された粘性係数の範囲に入る．

5.6 $l/d = 0.75$ より，

$$p = \frac{P}{dl} = \frac{2000}{0.75d^2}$$

表 5.5 より，$\eta n/p = 90 \times 10^{-8}$ とすると，下記の関係が得られる．

$$\frac{\eta n}{p} = \frac{25 \times 10^{-3} \times N/60}{p} = 90 \times 10^{-8}, \qquad \frac{N}{p} = 2.16 \times 10^{-3}$$

次に，表 5.5 より最大 pV 値を $2 \times 10^6 \, \text{Pa·m/s}$ とし，N と p の関係を代入すると，次式となる．

$$pV = p \times \frac{d}{2} \times \frac{2\pi N}{60} = p \times \frac{d}{2} \times \frac{2\pi \times 2.16 \times 10^{-3}}{60} p = 2 \times 10^6 \, \text{Pa·m/s}$$

さらに上式に，p と d の関係を代入すると，

$$pV = \frac{2000}{0.75d^2} \times \frac{d}{2} \times \frac{2\pi \times 2.16 \times 10^{-3}}{60} \times \frac{2000}{0.75d^2} = 2 \times 10^6$$

$$d^3 = \frac{2000}{0.75} \times \frac{\pi \times 2.16 \times 10^{-3}}{60} \times \frac{2000}{0.75} \times \frac{1}{2 \times 10^6} = 4.02 \times 10^{-4} \, \text{m}^3$$

$$\therefore d = 0.074 \, \text{m}$$

となる．よって表 3.1 より，$d = 75\,\text{mm}$ とする．

したがって，次のように求められる．

$$l = 0.75d = 56.25\,\text{mm} \approx 56\,\text{mm}$$

$$p = \frac{P}{dl} = \frac{2000}{0.075 \times 0.056} = 0.476\,\text{MPa}$$

$$N = 2.16 \times 10^{-3} \times p = 1028\,\text{min}^{-1} \approx 1000\,\text{min}^{-1}$$

第6章

6.1　6.1 節参照

6.2　6.2 節参照

6.3　ピッチ円直径 $d_i = mz_i$，中心距離 $a = (d_1 + d_2)/2$，歯先円直径 $d_{ai} = d_i + 2m$，基礎円直径 $d_{bi} = d_i \cos\alpha$，歯底円直径 $d_{fi} = d_i - 2 \times 1.25m$，円ピッチ $p = \pi m$，法線ピッチ $p_b = \pi m \cos\alpha$，歯たけ $h = 2.25m$，歯末たけ $h_a = m$，歯元たけ $h_f = 1.25m$，歯厚 $s = \pi m/2$．ここで $i = 1, 2$．

6.4　基礎円直径 $d_{bi} = d_i \cos\alpha$，歯底円直径 $d_{fi} = d_i - 2 \times 1.25m$ であるので，題意より，

$$d_{bi} = d_i \cos\alpha > d_{fi} = d_i - 2 \times 1.25m = d_i - 2 \times 1.25\frac{d_i}{z_i}$$

を得る．上式を整理すると，

$$\cos\alpha > 1 - \frac{2.5}{z_i} \qquad \therefore z_i > -\frac{2.5}{\cos\alpha - 1} = 41.4$$

よって，歯数が 42 以上で基礎円直径のほうが大きくなる．

6.5　例題 6.2 で求めたかみ合い率の式から，以下のようになる．

$$\varepsilon = \frac{\sqrt{(z_1 + 2)^2 - (z_1 \cos\alpha)^2} - z_1 \sin\alpha + \sqrt{(z_2 + 2)^2 - (z_2 \cos\alpha)^2} - z_2 \sin\alpha}{2\pi \cos\alpha}$$

$$= \frac{\sqrt{(20 + 2)^2 - (20 \cos 20°)^2} - 20 \sin 20° + \sqrt{(26 + 2)^2 - (26 \cos 20°)^2} - 26 \sin 20°}{2\pi \cos 20°}$$

$$= 1.59$$

6.6　題意により下記の関係が得られる．

外周でのピッチより, $p_a \fallingdotseq 4.3 = (d_1 + 2m)/z_1 = 104/z_1$ $\therefore z_1 = 24$

小歯車の外径より, $104 = d_1 + 2m = mz_1 + 2m = 26m$ $\therefore m = 4$

中心距離より, $174 = (d_1 + d_2)/2$ $\therefore d_2 = 348 - 96 = 252\,\text{mm}$, $z_2 = 63$

6.7 式 (6.26) を用いてかみ合い圧力角 α_w を求めると,

$$a = \frac{m}{2}(z_1 + z_2)\frac{\cos\alpha}{\cos\alpha_w}, \qquad 110 = 3 \cdot 36\frac{\cos\alpha}{\cos\alpha_w}, \qquad \alpha_w = 0.396\,\text{rad}$$

よって, $inv\,\alpha_w = \tan\alpha_w - \alpha_w = 0.0221$ となる.

この値を式 (6.29) に代入すると,

$$inv\,\alpha_w = 2\tan\alpha\frac{x_1 + x_2 + j_n/(m \times 2\sin\alpha)}{z_1 + z_2} + inv\,\alpha$$

$$0.0221 = 2\tan(0.349)\frac{x_1 + x_2 + 0.25/\{3 \times 2\sin(0.349)\}}{72} + inv\,(0.349)$$

よって, $x_1 + x_2 = 0.59$ が得られる.

図 6.12 を考慮しながら, 転位量を歯数に比例して両歯車に適宜分配すると, 歯車 1 の転位量 $= 3 \times 0.19 = 0.57\,\text{mm}$, 歯車 2 の転位量 $= 3 \times 0.4 = 1.2\,\text{mm}$ と求められる.

6.8 与えられた歯車材料の条件から, 表 6.7 および表 6.8 を用いて許容繰り返し曲げ応力 σ_a, および比応力係数 k の値を選ぶと,

$$\sigma_a = 300\,\text{MPa}, \quad k = 0.53\,\text{MPa}$$

が得られる. また

$$d_1 = z_1 m = 120\,\text{mm}$$

であるから, ピッチ円上の周速度は, $d_1/2 \times 2\pi n_1/60 = 3.8\,\text{m/s}$

よって, 速度係数は, $f_v = 3/(3 + 3.8) = 0.44$.

次に, 曲げ強度および面圧強度は, 式 (6.34) および式 (6.37) によって与えられており, 歯数比および $b = 10\,m$ を考慮すると, 曲げ強度に対しては,

$$P = f_v\sigma_a bmy = f_v\sigma_a \times 10m^2 y$$

と整理できる. 歯形係数は, 表 6.5 に与えられた y の値 $y = 0.697$ を上式に代入すると,

$$P = 0.44 \times 300 \times 10 \times 16 \times 0.697 \qquad \therefore P = 14720\,\text{N}$$

となる. 面圧強度の式に対しては,

$$P = f_v k b d_1 \frac{2z_2}{z_1 + z_2} = f_v k 10m d_1 \frac{2 \times 3z_1}{z_1 + 3z_1} = 0.44 \times 0.53 \times 10 \times 4 \times 120 \times 1.5 = 1679\,\text{N}$$

と求められる. 式 (6.20) より, ピッチ円上の伝達力 P と動力との関係は,

$$L = \frac{Pd_1}{2} \times \frac{2\pi n_1}{60} = \frac{1679 \times 0.12}{2} \times \frac{2 \times 3.1415 \times 600}{60} = 6329\,\text{N·m/s}$$

よって $L = 6.0\,\text{kW}$ の動力を伝達できる.

第 7 章 ··

7.1　練習問題 3.3 の式 (∗2) で求めたように，軸端面でのねじれ角 θ とねじりモーメント T との関係は，次の式で与えられる．

$$T = \frac{GI_p\theta}{l} \equiv k_t\theta \tag{∗5}$$

ただし，$I_p = \pi d^4/32$ である．よって，

$$k_t = \frac{GI_p}{l} = \frac{G\pi d^4}{32l} = \frac{79 \times 10^9 \times 3.14 \times 0.02^4}{32 \times 0.1} = 775\,\text{N·m/rad}$$

7.2　圧縮荷重 W が加わった際のコイルばね材内に生じるねじりモーメント T は，コイルの平均半径を D とすると，式 (7.3) $T = WD/2$ で与えられる．また，コイルばねの有効巻数を N_a とすると，図 7.9 における軸の長さ l は，πDN_a と置き換えることができる．したがって，前問の式 (∗5) より次の関係が得られる．

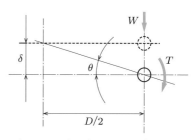

解図　コイルばねにおける変形量 δ とねじれ各 θ との関係

$$T = \frac{GI_p\theta}{l} = \frac{GI_p\theta}{\pi DN_a} \tag{∗6}$$

次に，圧縮力 W による変形量 δ とねじれ角 θ には，解図からわかるように，以下の関係がある．

$$\delta = \frac{D\theta}{2} \tag{∗7}$$

よって，式 (∗6) に式 (7.3) および式 (∗7) を代入すると，

$$T = \frac{GI_p\theta}{l} = \frac{GI_p\theta}{\pi DN_a}$$

$$\frac{WD}{2} = \frac{GI_p \times 2\delta/D}{\pi DN_a}$$

$$\frac{W}{\delta} = \frac{4GI_p}{\pi D^3 N_a} = \frac{Gd^4}{8D^3 N_a} \equiv k$$

を得る．

7.3　ばね指数 $c = 10$ とすると，ばね材の直径 d は 3 mm となる．この条件に対し，ばね材に生じる最大ねじり応力を求めると，

$$K = \frac{4c-1}{4c-4} + \frac{0.615}{c} = \frac{39}{36} + \frac{0.615}{10} = 1.14$$

$$\tau_{\max} = \frac{8KWD}{\pi d^3} = \frac{8 \times 1.14 \times 150 \times 0.03}{3.14 \times 0.003^3} = 485\,\text{MPa}$$

図 7.2 を用いて，ばね材直径 3 mm において許容ねじり応力が $485/0.8 = 606$ MPa 以上となる材料を選定すると，SUS 302-WPB となる．

また，ばね定数を $k = 5\,\text{N/mm}$ とするための有効巻数は，式 (7.9) より，$k = W/\delta = Gd^4/8N_aD^3$ であるから，与えられた数値を代入することにより有効巻数 N_a を計算することができる．G は表 7.2 に与えられている．

よって，次のように求められる．

$$5 = \frac{68.5 \times 10^3 \times 3^4}{8 \times N_a \times 30^3} \quad (\text{長さの単位：mm})$$

$$N_a = 5.2 \approx 5 \text{ 巻}$$

参考文献

第1章

[1] https://www.honda.co.jp/factbook/auto/CIVIC/200009/016.html
[2] https://www.honda.co.jp/factbook/auto/CIVIC/200009/014.html
[3] 和田稲苗：機械要素設計，実教出版
[4] Calculation of Elements of Machine Design, Third edition, Machinery's reference book No.22, Machinery, pp.3-9, 1910

第2章

[1] 山本晃：ねじのおはなし，日本規格協会
[2] NSK カタログ「精機製品 NSK リニアガイド™，ボールねじ，モノキャリア™」

第4章

[1] NSK カタログ「転がり軸受」
[2] 株式会社ジェイテクトホームページ「ベアリングの基礎知識：輪溝及び止め輪の寸法」
koyo.jtekt.co.jp/support/bearing-knowledge/6-2000.html#alink6-2-001
[3] NTN 軸受総合カタログ「軸受の精度」
[4] NTN 軸受総合カタログ「軸およびハウジングの設計」
[5] 株式会社ジェイテクトホームページ「ベアリングの基礎知識：はめあいの選定」
koyo.jtekt.co.jp/support/bearing-knowledge/9-3000.html
[6] NTN 軸受総合カタログ「軸受内部すきまと予圧」
[7] 株式会社ジェイテクトホームページ「ベアリングの基礎知識：潤滑の目的と方法」
[8] NTN 軸受総合カタログ「潤滑」

第5章

[1] 栗村哲弥：NTN Technical Review, No.69, p.8, 2001
[2] 日本機械学会（編）：機械工学便覧，B1
[3] M.J.Neal：Tribology Handbook, Butterworth, p.A2, 1973

第 6 章

[1] 日本歯車工業規格 (JGMA 611-01)，円筒歯車の転位方式
[2] https://www.honda.co.jp/factbook/auto/CIVIC/200009/014.html

参考書

(1) 和田稲苗：機械要素設計，実教出版
(2) 川北和明：機械要素設計，朝倉書店
(3) 兼田槙宏，山本雄二：基礎機械設計工学，理工学社
(4) 中島尚正：機械設計，東京大学出版
(5) 中島尚正ほか 6 名：機械設計学，朝倉書店
(6) 大西清：機械設計入門，理工学社
(7) 錦林英一，田原久禎：ベアリングのおはなし，日本規格協会
(8) 中里為成：歯車のおはなし，日本規格協会
(9) 山本晃：ねじのおはなし，日本規格協会
(10) 光洋精工株式会社編：転がり軸受，工業調査会
(11) 大豊工業（株）軸受研究グループ編：すべり軸受，工業調査会
(12) ジャパンマシニスト社編集部：歯車，ジャパンマシニスト社

索　引

著 者 略 歴

吉本　成香（よしもと・しげか）
　1975 年　東京理科大学理工学研究科機械工学専攻修士課程修了
　1975 年　東京理科大学工学部機械工学科助手
　1986 年　英国 Liverpool Polytechnic 客員研究員
　1994 年　東京理科大学工学部機械工学科教授
　2016 年　東京理科大学名誉教授
　　　　　現在に至る．工学博士

編集担当　宮地亮介・佐藤令菜（森北出版）
編集責任　藤原祐介（森北出版）
組　　版　藤原印刷
印　　刷　同
製　　本　同

機械要素入門　　　　　　　　　　　　　　　　　ⓒ 吉本成香　2020

2020 年 11 月 30 日　第 1 版第 1 刷発行　　【本書の無断転載を禁ず】

著　　者　吉本成香
発 行 者　森北博巳
発 行 所　森北出版株式会社
　　　　　東京都千代田区富士見 1-4-11（〒 102-0071）
　　　　　電話 03-3265-8341／FAX 03-3264-8709
　　　　　https://www.morikita.co.jp/
　　　　　日本書籍出版協会・自然科学書協会　会員
　　　　　JCOPY ＜（一社）出版者著作権管理機構 委託出版物＞

Printed in Japan／ISBN978-4-627-65061-9